IT-Risiken in der vernetzten Produktion

Gregor Schlingermann

IT-Risiken in der vernetzten Produktion

Gefahren technisch
und finanziell bewerten

Mit einem Geleitwort von Prof. Ing. Peter Markovič, PhD

Dr. Gregor Schlingermann
Düsseldorf, Deutschland

OnlinePlus Material zu diesem Buch finden Sie auf
http://www.springer.com/978-3-658-18346-2

ISBN 978-3-658-18345-5   ISBN 978-3-658-18346-2 (eBook)
DOI 10.1007/978-3-658-18346-2

Die Deutsche Nationalbibliothek verzeichnet diese Publikation in der Deutschen National-
bibliografie; detaillierte bibliografische Daten sind im Internet über http://dnb.d-nb.de abrufbar.

Springer Gabler
© Springer Fachmedien Wiesbaden GmbH 2017
Das Werk einschließlich aller seiner Teile ist urheberrechtlich geschützt. Jede Verwertung, die
nicht ausdrücklich vom Urheberrechtsgesetz zugelassen ist, bedarf der vorherigen Zustimmung
des Verlags. Das gilt insbesondere für Vervielfältigungen, Bearbeitungen, Übersetzungen,
Mikroverfilmungen und die Einspeicherung und Verarbeitung in elektronischen Systemen.
Die Wiedergabe von Gebrauchsnamen, Handelsnamen, Warenbezeichnungen usw. in diesem
Werk berechtigt auch ohne besondere Kennzeichnung nicht zu der Annahme, dass solche
Namen im Sinne der Warenzeichen- und Markenschutz-Gesetzgebung als frei zu betrachten
wären und daher von jedermann benutzt werden dürften.
Der Verlag, die Autoren und die Herausgeber gehen davon aus, dass die Angaben und Informa-
tionen in diesem Werk zum Zeitpunkt der Veröffentlichung vollständig und korrekt sind.
Weder der Verlag noch die Autoren oder die Herausgeber übernehmen, ausdrücklich oder
implizit, Gewähr für den Inhalt des Werkes, etwaige Fehler oder Äußerungen. Der Verlag bleibt
im Hinblick auf geografische Zuordnungen und Gebietsbezeichnungen in veröffentlichten Karten
und Institutionsadressen neutral.

Springer Gabler ist Teil von Springer Nature
Die eingetragene Gesellschaft ist Springer Fachmedien Wiesbaden GmbH
Die Anschrift der Gesellschaft ist: Abraham-Lincoln-Str. 46, 65189 Wiesbaden, Germany

Geleitwort

Die IT-Risiken gehören in der gegenwärtigen globalen Welt zu der meist gefürchteten Risikoart. Den Grund dafür liefern zum Ersten die Digitalisierung des alltäglichen Lebens, zum Zweiten die schwer rückverfolgbaren Angriffe und zum Dritten die niedrige Informationskenntnis von Kunden. Dies führt zu höheren Anforderungen an das Risikomanagement von Unternehmen, ohne Rücksicht auf die Branche, den Produkttyp oder die Größenordnung des Unternehmens.

Im Rahmen der Produktion gibt es diverse Situationen, in denen der Einsatz von IT-Instrumenten zu großen zeitlichen und finanziellen Einsparungen führen kann. Positive Beispiele zeigen uns, dass wir dank guter Vernetzung von Inputs und Prozessen wesentlich schlanker produzieren können, und zum Einsatz können somit auch moderne Managementinstrumente wie z. B. Lean Production, Kanban, Kaizen, Quality Circles kommen. Durch den Ersatz menschlicher Tätigkeit durch Maschine und Technologie erreichen wir einen bestimmten Grad der Innovation und üben Wettbewerbsdruck auf einzelne Marktteilnehmer aus. Aus Sicht der Aktionäre (Eigentümer) ist diese Entwicklung positiv und wünschenswert, Manager begrüßen die bessere Informationsversorgung, und Kunden haben die Möglichkeit, die Produkte während der Erzeugung zu verfolgen. Die Industrie 4.0 kann die individuelle Nachfrage problemlos befriedigen und den Kunden eine höhere Nutzqualität des Produkts anbieten. Das, was nur wenige Stakeholder interessieren wird, ist die Sicherheit der gesamten Kommunikationskette, wo sie sich voll auf den Unternehmensstandard verlassen werden.

Die vorgelegte Publikation befasst sich komplex mit den IT-Risiken, mit rechtlichen Anforderungen, der Etablierung eines IT-Risikomanagements und hauptsächlich mit der Produktionsvernetzung. Die wesentliche Botschaft würde ich mithilfe des vorliegenden Textes verbreiten:

> „Mit dem IT-Grundschutz wurden anschließend die im deutschsprachigen Raum relevantesten Methoden als Basis für die Entwicklung einer Bewertungsmethode für das IT-Risikomanagement zur Bewertung der Risiken durch die Vernetzung

in der Produktion ausgewählt und mit dem Modell der Automatisierungspyramide verknüpft. Für die Bewertung selbst wurde eine Vorgehensweise ausgewählt, wie sie für die Zertifizierung nach ISO 27001 auf Basis von IT Grundschutz genutzt wird. Die genannten Überlegungen bilden das Grundgerüst der Bewertungsmethode. Um dem Anspruch der durchgängigen Transparenz bis zur Ebene des Geschäftsberichtes gerecht werden zu können, wurden Geschäftsberichte gesichtet, um Rückschlüsse auf die festzulegenden Risikokategorien gewinnen zu können. Die entwickelte Bewertungsmethode kombiniert also die Risikoaggregation von unten nach oben mit der Ausdifferenzierung der Risikokategorien von oben nach unten."[1]

Es bleibt allen Lesern zu wünschen, dass sie das notwendige Gehör für die Meinungen des Autors finden und seinen Gedankenfluss im praktischen Leben applizieren.

Prof. Ing. Peter Markovič, PhD

Fakultät für Betriebsmanagement der Wirtschaftsuniversität in Bratislava

---

[1] Vgl. S. 139 in dieser Arbeit.

Abstract

This dissertation aims at developing an assessment method for IT risk management that allows by using various data to assess the risks that arise in production due to connectivity in the logical as well as physical sense. Due to advanced automation of manufacturing technologies, there are many network interconnections in production today at all manufacturing stages. As network interconnection, not just interconnection in terms of the sequences of operations is referred to but also the actual physical network interconnections that facilitate data transmission within production. Current production facilities largely are permeated by Ethernet networks or at times even wireless networks already. The uses range from individual programmable logic controllers, in the field of which bus systems have been replaced by network system, through individual robots and production equipment up to whole production stages, comprising almost the entire production process. Though the connected production on the one hand facilitates optimised process and production control, it also causes even minor and sporadically occurring irregularities to add up to a major failure. The network failures may be caused either by failures of the network components, but also by virus attacks or targeted sabotage. The tasks of identifying the risks and taking proactive measures as appropriate are a part of IT safety management / IT security management. Typical sources of hazards in these contexts include the lack of virus scanners in production lines, inadequate firewall configurations or poor concepts of practical interventions.

The target output of this paper should be to provide in IT risk management via a newly devised assessment method identification of connectivity-related technical risks implied by existing interconnections, summarisation of the risks and financial evaluation thereof.

Abstract

In dieser Dissertationsarbeit soll eine Bewertungsmethode für das IT-Risikomanagement entwickelt werden, die es ermöglicht, auf Basis verschiedener Daten das Risiko zu bewerten, das sich durch die Vernetzung – sowohl logisch als auch physikalisch – innerhalb der Produktion ergibt. Die heutige Produktion ist durch die stark automatisierte Fertigungstechnik hochgradig in den einzelnen Produktionsschritten miteinander vernetzt. Vernetzt bedeutet in diesem Zusammenhang nicht nur die im Ablauf optimierte Vernetzung, sondern die tatsächliche physische Verbindung, die eine Datenübertragung innerhalb der Produktion ermöglicht. So sind heutige Produktionsstätten zu einem hohen Grad durch Ethernet- oder teilweise bereits Funknetzwerke miteinander verbunden. Dies betrifft von einzelnen speicherprogrammierbaren Steuerungen (SPS) – hier wurden die Bussysteme durch Netzwerke abgelöst – über einzelne Roboter und Produktionsanlagen bis hin zu kompletten Produktionsabschnitten nahezu die ganze Produktion. Die Vernetzung ermöglicht zum einen zwar optimierte Prozess- bzw. Produktionssteuerung, sorgt aber auch dafür, dass bereits kleinere, vereinzelte Störungen sich zu einer Großstörung verketten können. Die Störungen des Netzwerkes können zum einen durch den Ausfall von Netzwerkkomponenten bedingt sein, zum anderen durch Virenbefall oder gezielte Sabotage. Diese Risiken aufzuzeigen und ggf. proaktiv tätig zu werden, ist Teil des IT-Sicherheitsmanagements. Typische Gefahrenquellen sind hier der Mangel von Virenscannern in den Produktionsanlagen, unzureichende Konfigurationen von Firewalls oder mangelnde Zugriffskonzepte.

Als Ergebnis der Arbeit soll es mithilfe einer neu entwickelten Bewertungsmethode möglich sein, die durch Vernetzungen implizierten technischen Risiken der Vernetzung im IT-Risikomanagement explizit zu machen, diese zu konsolidieren und eine monetäre Bewertung durchzuführen.

Inhaltsverzeichnis

Abbildungsverzeichnis 13
Tabellenverzeichnis 15
Abkürzungsverzeichnis 17

Einleitung 19
1 Gegenwärtiger Stand der gelösten Problematik 23
1.1 Risiko, Risikomanagement und Zusammenhänge mit IT-Management .. 23
1.1.1 Definition von Risiken 24
1.1.2 Risikokategorien 25
1.1.3 Der Umgang mit Risiken – das Risikomanagement 33
1.1.4 Etablierung des Risikomanagements im Unternehmen 37
1.1.5 Besonderheiten des IT-Risikomanagements 41

1.2 IT-Risiken – eine Kategorie für sich 41
1.2.1 Rechtliche Anforderungen an das IT-Risikomanagement 46
1.2.2 Etablierung des IT-Risikomanagements in Unternehmen 48

1.3 Das Wesen der Risiko-Bewertungsmethoden 84
1.4 Aktuelle Problemstellungen – Produktion, Infrastruktur
 und Gefahren 87
1.4.1 Vernetzung in der Produktion – Aufbau einer
 Produktion und technische Infrastruktur 87
1.4.2 Informationstechnische Gefahren für
 Produktionsanlagen und deren Vernetzung 91

2 Ziel der Arbeit 97

3	**Methodik der Arbeit und wissenschaftliche Methoden**	**99**
3.1	Angewandte Methoden	99
3.2	Vorgehensweise	100

4	**Die Ergebnisse der Arbeit**	**101**
4.1	Vernetzung in der Produktion – Facetten eines Risikos	101
4.2	Was ist und gebraucht wird – Methoden und Modellauswahl	102
4.3	Vernetzung in der Produktion neu bewertet – die VIP-Bewertungsmethode	103

5	**Diskussion**	**137**
5.1	Beitrag für die Lehre	137
5.2	Beitrag für die Wissenschaft/Forschung	138
5.3	Beitrag für die Praxis	139
5.4	Ausblick	140

Schlusswort	**143**
Literaturverzeichnis	**147**
Anhang	**155**

Abbildungsverzeichnis

Abbildung 1:	Rahmenbedingungen Risikomanagement	24
Abbildung 2:	Risikodimensionen	26
Abbildung 3:	Rechtsnormen zum Risikomanagement	36
Abbildung 4:	Einflussfaktoren der Unternehmensumwelt auf das Unternehmen als System	38
Abbildung 5:	Strategisches und Operatives Risikomanagement	39
Abbildung 6:	Bekanntheit und praktische Bedeutung von Kriterienwerken zur Informations-Sicherheit	48
Abbildung 7:	Übersicht über BSI-Publikationen zum Sicherheitsmanagement	51
Abbildung 8:	Bestandteile eines Managementsystems für Informationssicherheit	58
Abbildung 9:	Gliederung des BSI-Standards 100-2	63
Abbildung 10:	Wiederanlaufparameter	74
Abbildung 11:	Schadensverlauf und Kosten für Wiederanlauf	77
Abbildung 12:	PDCA-Modell des ISO 27001-Standards	80
Abbildung 13:	Methoden zur Quantifizierung von IT-Risiken	85
Abbildung 14:	Werkstruktur Einzelkonzept	88
Abbildung 15:	Werkstruktur Zentralkonzept	89
Abbildung 16:	Automatisierungsstruktur einer Rohbauzelle	90
Abbildung 17:	Automatisierungspyramide	91
Abbildung 18:	OSI-Referenzmodell	92
Abbildung 19:	Aufbau eines Produktionsleitsystems	94
Abbildung 20:	Vorgehensweise und Aufbau der Arbeit	100
Abbildung 21:	Bestandteile der Bewertungsmethode	104
Abbildung 22:	IT-Risiken in der Produktion	109

Abbildung 23: Aufbau der Risikobewertungsmethode 110
Abbildung 24: Zuordnung Bausteine der IT-Grundschutz-
Kataloge zu Aufbau Produktionsleitsystems 114
Abbildung 25: Zuordnung IT-Grundschutz Risiken
Allgemeiner Client zu IT-Risiken in der Produktion 116
Abbildung 26: Ablauf Risikobewertung pro Baustein 121

Tabellenverzeichnis

Tabelle 1:	Risikoarten	32
Tabelle 2:	Schadenseintritt nach Gefahrenbereich	43
Tabelle 3:	IT-relevante Strafbestände im StGB	46
Tabelle 4:	Phasenaufbau Bausteine-Kataloge mit Beispiel	54
Tabelle 5:	Schichten der Bausteine-Kataloge	56
Tabelle 6:	Aufbau Kataloge und Verweise	57
Tabelle 7:	Rollenübersicht der IS-Organisation	64
Tabelle 8:	Zusätzliche Gefährdungen	69
Tabelle 9:	Schadenskategorien und Schadensszenarien	72
Tabelle 10:	Gesamtüberblick exemplarische Schadensbewertung	73
Tabelle 11:	Entscheidungshilfe Kontinuitätsstrategie Rechenzentrum	78
Tabelle 12:	Übersicht ISO/IEC 2700x-Standards	79
Tabelle 13:	Kapitel mit Sicherheitskategorien ISO 27002	82
Tabelle 14:	IT-Risiken in Geschäftsberichten	106
Tabelle 15:	Zuordnung der Qualifizierungsstufen zu Risikostufen	113
Tabelle 16:	B 3.201 Allgemeiner Client – Zuordnung von kontrollierten Maßnahmen zu Gefahren	118
Tabelle 17:	Beispielhafte Risikobewertung der Prozessleitebene	124
Tabelle 18:	Beispielhafte Risikobewertung des Geschäftsprozesses Karosseriebau	128
Tabelle 19:	Beispielhafte Bewertung aller Geschäftsprozesse	129
Tabelle 20:	Beispielhafte Bewertung aller Produktionsstätten	133
Tabelle 21:	Darstellung im Geschäftsbericht	135
Tabelle 22:	Zuordnung IT-Grundschutz-Risiken ausgewählter Bausteine zu IT-Risiken	155

Abkürzungsverzeichnis

AktG	Aktiengesetz
BCM	Business Continuity Management
BDSG	Bundesdatenschutzgesetz
BIA	Business Impact Analyse
BSI	Bundesamt für Sicherheit in der Informationstechnik
CEO	Chief Executive Officer
CFO	Chief Financial Officer
COSO	Committee of Sponsoring Organizations of the Treadway Commission
COSO ERM	Committee of Sponsoring Organizations of the Treadway Commission Enterprise Risk Management
DAX	Deutscher Aktien Index
DCGK	Deutscher Corporate Governance Kodex
DoS	Denial of Service
DRS	Deutscher Rechnungslegungs Standard
DRSC	Deutsches Rechnungslegungs Standard Committee
EBIT	Earnings Before Interest and Taxes
ERM	Enterprise Risk Management
ERP	Enterprise Resource Planning
FMEA	Failure Mode and Effects Analysis
HGB	Handelsgesetzbuch
HTTP	Hypertext Transfer Protocol
IC	Internal Control
ISMS	Managementsysteme für Informationssicherheit
ISMS	Information Security Management System
ISO	International Organization for Standardization
ITIL	IT Infrastructure Library
JIS	Just-in-Sequenz
JIT	Just-in-Time

KonTraG	Gesetz zur Kontrolle und Transparenz im Unternehmensbereich
KWG	Gesetz über Kreditwesen
LAN	Local Area Network
MES	Manufacturing Execution System
MTA	Maximal tolerierbare Ausfallzeit
OSI	Open System Interconnection
PDA	Personal Digital Assistant
PDCA	Plan-Do-Check-Act
PDF	Portable Document Format
PWC	PricewaterhouseCoopers
RFID	Radio-frequency Identification
SCADA	Supervisory Control and Data Acquisition
SOX	Sarbanes-Oxley Act
SLA	Service Level Agreement
SPS	Speicherprogrammierbare Steuerungen
StGB	Strafgesetzbuch
TCP/IP	Transmission Control Protocol/Internet Protocol
USB	Universal Serial Bus
USV	Unterbrechungsfreie Stromversorgung
VIP	Vernetzung in der Produktion
VoIP	Voice over Internet Protocol
VPN	Virtual private Network
WAZ	Wiederanlaufzeit
WLAN	Wireless Local Area Network

Einleitung

Der wohl bekannteste Vorfall einer gehackten Industrieanlage ereignete sich 2011, als durch professionelle ‚Hacker' erheblicher Schaden in einer Atomanlage im Iran angerichtet wurde. Der hierfür verwendete Computerwurm wurde unter dem Namen Stuxnet bekannt und zeigte deutlich die Schwachstellen von sogenannten SCADA (Supervisory Control and Data Acquisition)-Anlagen auf. Hatte man bis dahin geglaubt, es sei zu aufwendig, individuell programmierte und konzeptionierte Anlagen zu analysieren, deren Schwachstellen aufzudecken und auszunutzen, um damit fatale Schäden anzurichten, wurde man eines Besseren belehrt.

Besonders die Standardisierung zum einen und die Komponentenbauweise zum anderen ermöglichen es, bekannte Schwachstellen einzelner Komponenten immer wieder zu nutzen, um verschiedene Anlagen zu manipulieren. Im Fall des Stuxnet-Wurms wurde eine weitverbreitete Speicherprogrammierbare Steuerung (SPS) der Firma Siemens genutzt, um manipulierte Steuerungsbefehle abzuschicken.

Neben gezielten Angriffen sieht sich die Industrie auch mit der Unachtsamkeit ihrer eigenen Mitarbeiter konfrontiert. So erscheint es zunächst nachvollziehbar, dass Mitarbeiter, wie sie es vom heimischen PC kennen, auch in der Firma Musik abspielen. Welche Auswirkungen es allerdings haben kann, wenn sich neben den Musikdateien auch infizierte Dateien auf dem externen Datenträger befinden, musste nach Medienangaben ein deutscher Autohersteller erfahren. Ein Mitarbeiter hatte einen infizierten USB-Stick in einen Kontrollrechner eingesteckt, über den sich der ‚Virus' im ganzen Werk verbreitete und zum Stillstand des betroffenen Werkes führte. 2005 gab es einen weiteren Vorfall, von dem erneut die Automobilindustrie betroffen war. So musste die DaimlerChrysler AG, als eines von 175 betroffenen Unternehmen, in insgesamt 13 Werken für eine Stunde die Produktion ruhen und das Unternehmen und somit 50.000 Mitarbeiter unbeschäftigt lassen. Grund dafür war die Attacke eines ‚Wurms' Namens Zotob.[2]

---

[2] Vgl. heise (2013)

Die aufgeführten Beispiele zeigen deutlich, wie hoch das Gefährdungspotenzial ist, das sich durch den Einsatz von Informationstechnologie speziell im produzierenden Bereich ergibt. Anders als bei einem Ausfall der IT in der Verwaltung ist der Schaden, der sich in der Produktion ergibt, unmittelbar durch die nicht produzierte Menge darstellbar. Da die IT aus den Geschäfts- und Produktionsprozessen der modernen Wirtschaft nicht mehr wegzudenken ist, besteht eine wesentliche informationstechnologische Aufgabe darin, sich den Gefahren, die sich durch die ‚Vernetzung in der Produktion' ergeben, zu stellen. Dazu bedarf es im Wesentlichen zweier Dinge: zum einen der Risikoanalyse und -bewertung, zum anderen der Risikominimierung, wenn nicht sogar des Risikoausschlusses bzw. der -vermeidung durch geeignete Maßnahmen.

In einem großen Unternehmen entsteht hier oftmals das erste organisatorische Problem. Während die finanziellen Risiken oftmals im Bereich Finance und Controlling bewertet werden, sind die Analyse und Beseitigung konkreter technischer Risiken meist Aufgabe des IT-Bereichs. Diese Diskrepanz wird besonders deutlich, wenn man sich die Geschäftsberichte im Jahr der geschilderten Wurmattacke und im Jahr nach der Wurmattacke am Beispiel der DaimlerChrysler AG anschaut:

„Darüber hinaus könnten unsere betrieblichen Abläufe durch Unterbrechungen in den Rechenzentren beeinträchtigt werden. Hierzu wurden Sicherheitsmaßnahmen und Notfallpläne erstellt. Andere IT-Risiken aus dem Netzwerk-, Applikations- und System-Management sowie Outsourcing-/Lieferanten-Management haben zwar eine sehr niedrige Eintrittswahrscheinlichkeit, könnten sich aber im Falle des Risikoeintritts ebenfalls spürbar negativ auf das Ergebnis auswirken."[3]

„Darüber hinaus könnten unsere betrieblichen Abläufe durch Unterbrechungen in den Rechenzentren beeinträchtigt werden. Hierzu wurden Sicherheitsmaßnahmen und Notfallpläne erstellt. Andere IT-Risiken aus dem Netzwerk-, Applikations- und System-Management sowie Outsourcing-/Lieferanten-Management haben zwar eine sehr niedrige Eintrittswahrscheinlichkeit, könnten sich aber im Falle des Risikoeintritts ebenfalls spürbar negativ auf das Ergebnis auswirken."[4]

---

[3] DaimlerChrysler AG (2006, S. 60)
[4] DaimlerChrysler AG (2007, S. 70)

Sowohl im Geschäftsbericht aus 2005 als auch aus 2006 wird das IT-Risiko im Besonderen auf Rechenzentren bezogen. Andere IT-Risiken, wie z. B. ein Viren- oder Wurmbefall, werden mit einer sehr niedrigen Eintrittswahrscheinlichkeit bewertet. Der Unterschied zwischen Berichtssicht und Tatsachen ist hier deutlich zu erkennen und lässt vermuten, dass technische Aspekte bei der Risikobewertung eine untergeordnete Rolle spielen. Eine abgestimmte Vorgehensweise zwischen beiden Disziplinen zu etablieren bzw. eine Bewertungsmethode zu entwickeln, die auch die konkreten technischen Risiken berücksichtigt, ist der Gegenstand der vorliegenden Dissertation.

Zur Entwicklung einer Bewertungsmethode für das IT-Risikomanagement zur Bewertung der Risiken durch die Vernetzung in der Produktion wird sich die vorliegende Dissertation folgendermaßen gliedern: Im ersten Schritt wird der gegenwärtigen Stand zur Lösung der aufgezeigten Problematik darlegt. Dies beinhaltet zunächst einen Blick auf die verschiedenen Methoden zur Risikobewertung. Im Fokus stehen hier die für die unterschiedlichen Unternehmensformen gesetzlich vorgeschriebenen Methoden, aber auch über diesen Standard hinausgehende Methoden. Es folgt eine genaue Definition des Begriffs Produktion und des typischen Aufbaus eines Produktionsbetriebes und seiner Merkmale. In diesem Zusammenhang wird auch die Vernetzung der Produktion sowohl im prozessualen als auch im technischen Sinn aufzuzeigen sein. Die technischen Gegebenheiten werden genau erläutert und auf die Risiken einzelner Komponenten, wie beispielsweise Speicherprogrammierbare Steuerungen (SPS), konkret eingegangen. An dieser Stelle werden auch die unterschiedlichen Formen der Sabotage beleuchtet. Auf Basis der aktuellen Forschung werde ich dann ein eigenes Vorgehen zur Risikobewertung entwickeln.

1 Gegenwärtiger Stand der gelösten Problematik

Das folgende Kapitel zeigt den aktuellen Stand der Forschung zu den Themengebieten der Dissertation auf und betrachtet die verschiedenen Teilaspekte genauer. Es beginnt mit einer Erläuterung der Begrifflichkeit IT-Risikomanagement. Es folgt eine nähere Analyse der einzelnen Bewertungsmethoden und ihrer primären Anwendungsbereiche. Um die besonderen IT-Risiken, die sich durch die Vernetzung in der Produktion ergeben, verstehen zu können, ist es wichtig zu wissen, wodurch sich eine Produktion definiert und wie die einzelnen Teilbereiche im Sinne eines Produktionsablaufs, aber auch technisch miteinander verbunden sind. Im zweiten Schritt sind dann die potenziellen Bedrohungen Gegenstand der Betrachtung. Im Mittelpunkt stehen die technischen Gefährdungspotenziale, die aus dem eingesetzten Equipment bzw. den eingesetzten Produktionsanlagen resultieren. Zusätzlich werden die Motive, die hinter dem Einsatz von ‚Viren‘, ‚Trojanern‘ und anderen Schädlingsprogrammen stehen, erläutert. Aus den zuvor beleuchteten Teilaspekten lässt sich dann die aktuelle Problemstellung ableiten und zusammenfassen.

1.1 Risiko, Risikomanagement und Zusammenhänge mit IT-Management

Die hier vorgestellten Forschungsergebnisse geben hauptsächlich die Rahmenbedingungen des Risikomanagements wieder und definieren einzelne Begrifflichkeiten, die für die spätere Betrachtung notwendig sind.

Das IT-Risikomanagement ist eine spezielle, auf die Besonderheiten der IT ausgelegte Form des Risikomanagements. Sie orientiert sich an den gleichen Rahmenbedingungen und Grundprinzipien wie alle anderen Methoden zur Risikoabschätzung. Bevor im Einzelnen auf das IT-Risikomanagement eingegangen wird und damit auch die einzelnen Rahmenwerke, die international und national als Standard gelten, aufgeführt werden, ist eine Definition des Begriffes Risikomanagement erforderlich.

Unter Risikomanagement versteht man, rein sprachlich gesehen, das Management von Risiken. In welcher Form und wann Risiken vorliegen und wie diese am besten objektiviert und analysiert werden können, wird in diesem Kapitel näher erläutert. Nachdem der erste Schritt die verschiedenen Risiken aufzeigt, folgt im nächsten Schritt eine Aufstellung der gesetzlichen Rahmenbedingungen. Gegenstand der Betrachtung sind dann auch die an die Gesetzgebung angelehnten betriebswirtschaftlichen Rahmenbedingungen. Es wird außerdem auf ‚Good Practices' und auf die Integration von Risikomanagement in Führungssystemen und Prozessen eingegangen. Diese deduktive Vorgehensweise und daran angelegte Gliederung des Kapitels verdeutlicht Abbildung 1.

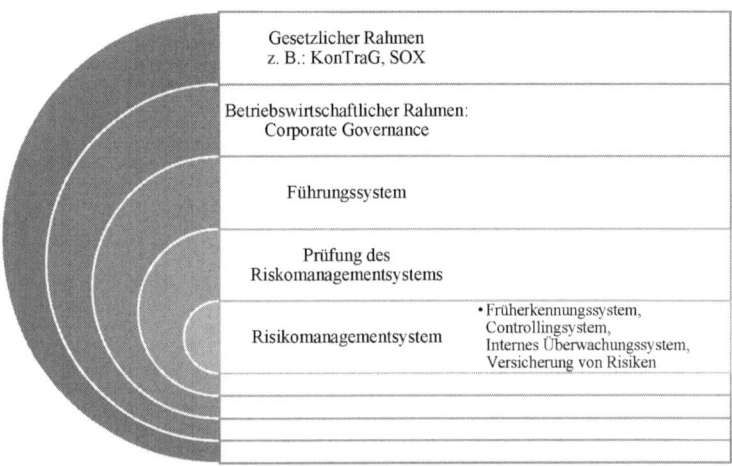

Abbildung 1: Rahmenbedingungen Risikomanagement[5]

1.1.1 Definition von Risiken

Die ISO-Norm 31000 definiert: „Risiko ist die Auswirkung von Unsicherheit auf Ziele."[6]. Rein mathematisch ausgedrückt ist das Risiko:

---

[5] Vgl. Dörner, Horváth, und Kagermann (2000, S. 1)
[6] Vgl. Internationale Organisation für Normung (2009)

$R = pE$ *(Eintrittswahrscheinlichkeit des Schadens SE)* × *SE (aus dem Schaden resultierender Verlust)*,

wobei *pE* oftmals durch die empirisch bestimmbare relative Häufigkeit des Schadens (*SE*) ersetzt wird. In der Praxis ist es sinnvoll, eine solche Risikobetrachtung für einen zuvor festgelegten Zeitraum durchzuführen – in der Regel eine Zeitperiode von einem Jahr. Für das Risiko einer bestimmten zeitlichen Periode *(t)* lautet die Formel dann *R(t) = H(t)* × *S*, wobei *H(t)* die Häufigkeit für das Schadensereignis *S* in der zeitlichen Periode *t* ist.[7] Für die weitere Betrachtung des Risikomanagements sind beide Definitionen bzw. Formeln nicht ausreichend. Demzufolge wird nun der Begriff Risiko in drei Dimensionen betrachtet und somit konkretisiert. Die drei Dimensionen werden im Folgenden immer wieder aufgegriffen, um die Einordnung eines spezifischen Risikos zu erleichtern.

1.1.2 Risikokategorien

Wie in Abbildung 2 auf folgender Seite zu sehen ist, bilden die branchenspezifischen Risiken eine der drei abgebildeten Dimensionen. Explosionen oder Verpuffungen sind – um ein Beispiel zu geben – eher ein ‚Branchenspezifisches Risiko' der Chemie als z. B. der Banken. Die Risiken können sich je nach Struktur allerdings unterschiedlich stark ausprägen. Das wird durch die ‚Strukturspezifischen Risiken' der zweiten Dimension aufgegriffen. Eine dritte Dimension bilden die Risikokategorien, die im Folgenden jeweils einzeln beschrieben werden.

---

[7] Vgl. Königs (2013, S. 13–14)

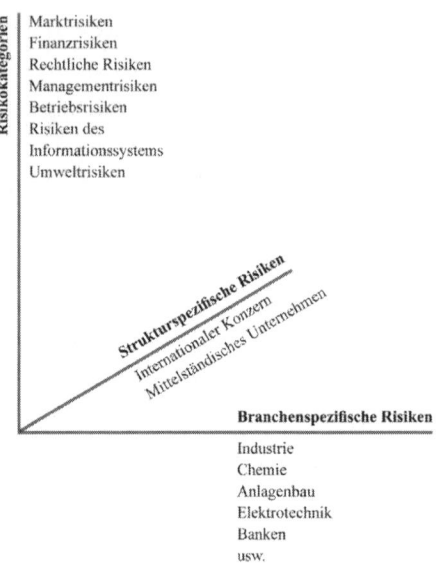

Abbildung 2: Risikodimensionen[8]

Geht man davon aus, dass jedes Unternehmen auf einem Markt aktiv ist, um sein Produkt oder auch seine Dienstleistung zu verkaufen und um zu handeln, liegt es nahe, die Risiken des Marktes als eigene Risikokategorie zu betrachten. Die Marktdynamik hat in den letzten Jahren, besonders durch den stetigen Wandel von Abnehmeranforderungen auf der einen Seite und der immer weiter fortschreitenden Internationalisierung aufseiten der Anbieter auf der anderen Seite, zu einem erstarkenden Wettbewerb geführt. Die Konsequenz daraus ist, dass sich das Marktumfeld immer schneller verändert. Veränderungen des Marktumfelds haben unmittelbare Auswirkungen auf den Umsatz, den Gewinn und den Marktanteil eines Unternehmens. Die Risiken können dabei durch den Markt, aber auch durch das Unternehmen, das im Markt tätig ist, entstehen. Innerhalb der eigenen Wertschöpfungskette eine hohe Produktqualität sicherzustellen vermindert das Marktrisiko. In diesem Fall besteht das Marktrisiko darin, durch Produktrückrufe o. Ä. Marktanteile zu verlieren oder eine

---

[8] Eigene Darstellung; vgl. Dörner und Doleczik (2000, S. 221)

negative Reputation zu erhalten. Drängt ein Mitbewerber auf den Markt, dessen Produktqualität höher ist, tritt ein neues ‚Marktrisiko' auf. Obwohl das Marktrisiko der Qualität intern durch entsprechende Maßnahmen minimiert wurde, kann es trotzdem durch externen Einfluss auftreten. Es muss also für Marktrisiken immer die Wechselwirkung zwischen intern und extern induzierten Marktrisiken betrachtet werden.[9]

Das ‚Finanzrisiko' beschreibt im Allgemeinen die Gefahr, dass Unternehmen zu einem gewissen Zeitpunkt ihren Zahlungsverpflichtungen nicht nachkommen können. Dies kann mehreren Umständen geschuldet sein, die als weitere Risiken mit dem Finanzrisiko einhergehen. Zu nennen sind das Marktliquiditätsrisiko, das Marktpreisrisiko, das Zinsrisiko und das Währungsrisiko. Das Marktliquiditätsrisiko beschreibt das Risiko, das entsteht, wenn es aufgrund der Marktsituation nicht möglich ist, sich beispielsweise neue Kredite zu fairen Marktpreisen zu beschaffen. So kann es passieren, dass Lieferungen, die durch eine Kreditaufnahme beglichen werden sollten, plötzlich zu einem Zahlungsengpass führen.[10] Generell können alle Veränderungen an den Märkten, wie beispielsweise am Aktienmarkt, als Marktpreisrisiko beschrieben werden. Ist ein Teil des Unternehmenskapitals in Aktien investiert, kann ein veränderter Aktienpreis dazu führen, dass sich die finanzielle Situation eines Unternehmens schnell ändert. Dies gilt genauso für Zinsen. Eine Veränderung am Markt führt unmittelbar zu einer Veränderung der eigenen finanziellen Situation. Vorausgesetzt, dass internationale Geschäfte getätigt werden, hat eine Zinsänderung genauso Auswirkungen auf die passiven und aktiven Geschäfte eines Unternehmens wie eine Änderung des Währungskurses. Da man beide Risiken sehr spezifisch betrachten muss, werden sie als einzelne Risiken geführt und als ‚Zins- und Währungsrisiko' bezeichnet. Zusammengefasst sind also alle Risiken, die von außen wirken und die Zahlungsfähigkeit eines Unternehmens beeinflussen, als Finanzrisiken anzusehen.[11]

Ein rechtliches Risiko skizziert die Möglichkeit, dass sich die gesetzlichen Rahmenbedingungen in der Weise ändern, dass damit eine negative Abweichung zum

---

[9] Vgl. Töpfer und Heymann (2000, S. 228)
[10] Vgl. Scharpf (2000, S. 256–258)
[11] Vgl. Schäl (2011, S. 21)

Ziel einhergeht. Durch neue gesetzliche Anforderungen kann es beispielsweise passieren, dass neue Technologien oder Verfahren eingesetzt werden müssen, die zu einem erhöhten personellen und finanziellen Aufwand führen.[12] Ebenfalls der Kategorie ‚rechtliche Risiken' zugehörig sind aktuelle, laufende Prozesse, Rechtsstreitigkeiten und Verpflichtungen oder Forderungen aus Verträgen. Je nach organisatorischer Aufstellung eines Unternehmens können auch ‚Compliance-Risiken' unter die Kategorie der rechtlichen Risiken fallen. Compliance-Risiken sind etwas weiter gefasst als rechtliche Risiken. Sie umfassen auch Themen wie Datenschutz oder Wettbewerbsrecht.

Die Gefahr, negativ vom geplanten Ergebnis abzuweichen, wird als Risiko angesehen. Entsprechend sind alle Aktivitäten, die durch das Management verantwortet werden und durch Entscheidungen des Managements zu einem negativen Ergebnis führen können, sogenannte ‚Managementrisiken'. Aufgrund der ohnehin weitreichenden Definition von Management und der damit einhergehenden Verantwortung könnten ohne Weiteres jegliche Risiken innerhalb eines Unternehmens als Managementrisiken kategorisiert werden. Das wäre für diese Betrachtung aber nicht zielführend. Es sollen für eine genauere Überlegung daher zwei Managementansätze als Ausgangspunkt dienen: zum einen der institutionelle und zum anderen der funktional orientierte Managementansatz. Folgt man dem institutionellen Managementansatz, so werden die Risiken betrachtet, die sich durch die Personen und durch die Struktur des Managements ergeben. Handelt ein Manager vorsätzlich unternehmensschädigend oder begünstigt die Struktur des Managements genau dies, so handelt es sich um konkrete Managementrisiken. Das trifft auch dann zu, wenn man der funktionalen Betrachtungsweise folgt und die Managementfunktion nicht ausreichend wahrgenommen wird. In Bezug auf die gesetzlichen Sorgfaltspflichten wäre eine Nichterfüllung oder eine fehlerhafte Erfüllung dieser Pflichten als Managementrisiko zu sehen. Je nach Abstraktionsgrad kann dies genauso für die ordinären Aufgaben des Managements, wie Personalführung oder Entscheidungsfindung, gelten. Grundsätzlich

---

[12] Vgl. Thies (2008, S. 17)

sollten immer die unmittelbaren Aktivitäten des Managements betrachtet und dann als Basis zur Identifikation von Managementrisiken herangezogen werden.[13] ‚Betriebsrisiken' können auch als ‚Produktionsrisiken' bezeichnet werden und lassen sich besonders gut für die Industrie konkretisieren. So bringt die Verarbeitung und Bearbeitung von Rohstoffen bzw. von Einsatzgütern zu Sachgütern individuelle Risiken mit sich.[14] Kern der Verarbeitung bilden – gerade im Zuge der Industrialisierung – primär Anlagen. Diese Anlagen können aufgrund verschiedener Einflussfaktoren, wie Verschmutzung, Korrosion oder auch Materialalterung bzw. Materialermüdung, ausfallen und im schlimmsten Fall die Produktion zum Erliegen bringen. Gleiches gilt für den Ausfall von Mitarbeitern. Nicht nur einzeln betrachtet sind Mensch und Maschine ein Betriebsrisiko, sondern auch in ihrer Kombination, in Form einer Mensch-Maschine-Beziehung. So kann eine fehlerhafte Bedienung durch einen Mitarbeiter dazu führen, dass eine Maschine ausfällt, obwohl die Maschine selbst ein sehr geringes Ausfallrisiko hat. Setzt man die Fehlerhäufigkeit von Menschen als gegeben voraus, so ist im Umkehrschluss auch eine Maschine, die gegen fehlerhafte Bedienung nicht geschützt ist, ein Risiko.[15] Die verschiedenen Varianten an Risiken können unter dem Begriff der Betriebsrisiken zusammengefasst werden.

Als ‚Risiken des Informationssystems' sind – gemäß der getroffenen Definition – die Eintrittswahrscheinlichkeiten von Bedrohungen der Informationssysteme multipliziert mit den daraus resultierenden Schäden anzusehen. Eine Auflistung hierzu ist dem Anhang Annex C des ISO/IEC 27005-Standard[16] zu entnehmen; hier werden Terrorismus und höhere Gewalt als die am meisten ernst zu nehmenden Bedrohungen eingestuft. An dieser Stelle soll aber vielmehr der Mensch als Risikofaktor fokussiert werden.[17] Unabhängig davon, ob das Risiko durch Terrorismus von außen kommt oder intern durch Mitarbeiter hervorgerufen wird – wobei hier durchaus eine Überschneidung möglich ist –, sind die Resultate ‚Verlust von Verfügbarkeit', ‚Verlust von

---

[13] Vgl. Lück (2000, S. 317–318)
[14] Vgl. Strohmeier (2007, S. 75)
[15] Vgl. Strohmeier (2007, S. 127)
[16] Vgl. Internationale Organisation für Normung (2012)
[17] Vgl. Klipper (2011, S. 48)

Vertraulichkeit' und ‚Verlust von Integrität' (Korrektheit von Informationen)[18]. Die Schwachstellen, die hierbei zutage treten, sind völlig losgelöst davon, ob das Motiv ‚Herausforderung', ‚Zerstörung', ‚Erpressung', ‚Spionage' oder ‚Rache' ist. Die Motive werden ebenfalls im Annex C aufgelistet, um zwischen Hackern, ‚Computerkriminellen', ‚Terroristen', ‚Industriespione' und ‚Innentätern' zu differenzieren. Überbegriffe für besagte Schwachstellen sind ‚Hardware', ‚Software', ‚Netzwerk', ‚Personal', ‚Standort' und ‚Organisation'. Ob die Kontrolle einer Konfigurationsänderung nun eher als Organisations- oder Softwareschwachstelle zu betrachten ist, sei dahingestellt.[19] Als Ergänzung zum ISO 270000-Standard lohnt sich ein Blick in die *Top Cyber Security Risks*-Studie des SANS Institute, das zum Zweck der Studie mehrere Millionen Daten aus mehreren Tausend Unternehmen ausgewertet hat. Die Studie kommt zu dem Schluss, dass die beiden größten Schwachstellen ‚Nicht Gepatchte Software' bzw. ‚Nicht Gepatchte Webserver' sind. Unmittelbar darauf folgt die Schwachstelle ‚Phishing'. Die drei häufigsten Schwachstellen haben somit den gemeinsamen Nenner Mensch. Eine Ausnutzung dieser Schwachstellen funktioniert nur dann, wenn manipulierte Webseiten oder auch PDFs überhaupt geöffnet werden, und der Mensch am Ende der Kausalkette steht. Innerhalb der Top 10 tauchen die bereits benannten Innentäter wieder auf. Damit werden die Erkenntnisse des ISO-Standards durch eine aktuelle Studie belegt.[20] Eine ergänzende Sichtweise ergibt sich, wenn man die Problematik der ungepatchten Software tiefergehend untersucht. Dass dennoch trotz bekannter Sicherheitslücken eine nicht aktuelle Software verwendet wird, liegt in den meisten Fällen wahrscheinlich darin begründet, dass die eigenen Unternehmensprozesse nicht dem Tempo der Softwarehersteller folgen können. Eine innerbetriebliche Überprüfung, ob beispielsweise die neue Softwareversion des Herstellers Einfluss auf eigen programmierte Software hat, kann dabei ein denkbarer Verzögerungsgrund sein. Aufgrund der immer wieder auftretenden Sicherheitslücken und der damit verbundenen hohen Zahl an Updates, kann es durchaus passieren, dass

---

[18] Vgl. Königs (2013, S. 40)
[19] Vgl. Internationale Organisation für Normung (2012)
[20] Vgl. Klipper (2011, S. 53–54)

1.1 Risiko, Risikomanagement und Zusammenhänge mit IT Management

Unternehmen bewusst Updates auslassen, um eine vorherige Prüfung im eigenen Unternehmen überhaupt gewährleisten zu können. Kern dieser Problematik ist eindeutig die Schnelligkeit der Entwicklungen. Dies mag auch in anderen Bereichen ein Problem darstellen, ist aber bei Informationstechnologien besonders prägnant. Daher muss die Schnelllebigkeit eindeutig als ein spezifisches Risiko von Informationssystemen genannt werden, das der besonderen Aufmerksamkeit bedarf.[21]

Als letzte Risikokategorie sind die ‚Umweltrisiken' zu nennen. Während in den 70er-Jahren qualmende Schlote und verunreinigte Gewässer als Zeichen für eine florierende Industrie galten, kann heutzutage ein gut organisierter und kommunizierter Umweltschutz sogar als Wettbewerbsvorteil angesehen werden. Umso wichtiger ist es für Unternehmen, Umweltrisiken zu identifizieren und zum Umweltschutz beizutragen.[22] Zu diesem Zwecke gibt es zwei Standards, die unter dem Begriff Öko-Audit zusammengefasst werden. Auf EU-Ebene gilt die EU-Öko-Audit-Verordnung 1836/93[23] als rechtsverbindliche Norm. Die Prüfung erfolgt analog zur ISO 14001[24] durch externe Prüfer. Mithilfe der Standards kann gewährleistet werden, dass jedes auditierte Unternehmen eine Mindestqualität im Bereich des Umweltschutzes erreicht und zeitgleich eine Vergleichbarkeit zwischen den Unternehmen bzw. Wettbewerbern besteht.

In der auf Seite 32 aufgeführten Tabelle 1 ist ein Überblick aller zuvor aufgeführten Risiken aus der Dimension der Risikoarten zu finden. Für alle Risiken gilt grundsätzlich, dass sie eine mittelbare oder unmittelbare Auswirkung auf die Außenwirkung des Unternehmens haben. Bezogen auf das Umweltrisiko liegt aus wirtschaftlicher Sicht die Gefahr in den meisten Fällen nicht primär darin, dass hohe Strafen für Umweltvergehen verhangen werden könnten, sondern darin, dass die Produkte dauerhaft keine Abnehmer finden, weil das Unternehmen nicht länger als vertrauenswürdig eingestuft wird.

---

[21] Vgl. Paulus (2000, S. 383)
[22] Vgl. Graf von Brühl (2011, S. 11–14)
[23] Vgl. Europäische Union (1993)
[24] Vgl. Internationale Organisation für Normung (1996)

Tabelle 1: Risikoarten[25]

Risikokategorie	Abweichung von Systemzielen	Bedrohungsliste
Marktrisiken	• Gewinneinbußen/Verluste • Schwacher Cashflow • Geringer Deckungsbeitrag • Schwierigkeiten bei der Finanzmittelaufnahme	• Bonitätsverschlechterung einer Gegenpartei • Eigene Bonitätseinbuße • Kursrisiken
Finanzrisiken	• Liquidität • Externe Auswirkung auf Passiv- und Aktivgeschäfte	• Marktsituation • Zinsänderung • Währungsänderungen
Rechtliche Risiken	• Änderung der gesetzlichen Rahmenbedingungen	• Gesetzesentwürfe/Initiativen
Managementrisiken	• Aktivitäten des Managements	• Durchsetzungsfähigkeit einzelner Manager
Betriebsrisiken	• Reduzierung/Entfall der geplanten Ausbringungsmenge	• Ausfall von Maschinen • Fehlerhafte Bedienung
Risiken des Informationssystems	• Verlust der Verfügbarkeit • Verlust der Vertraulichkeit • Verlust der Integrität	• Denial-of-Service-Attacke • Abhören von Informationen • Einschleusen schädlicher/störender Software • Missbrauch/Lahmlegen von System(en)/-ressourcen • Diebstahl von Daten oder Systemressourcen • Manipulieren/Infiltrieren von Informationen
Umweltrisiken	• Keine Umweltzertifizierung	• Verunreinigung des Grundwassers

Zu einem ähnlich hohen Vertrauensverlust kann auch das Eintreten von Risiken des Informationssystems führen. Man kann also resümieren, dass jedes Risiko der Dimension Risikokategorie durch das Unternehmen separat betrachtet werden

---

[25] Vgl. Königs (2013, S. 40).

muss. Die beiden weiteren Dimensionen[26] sind bereits so angelegt, dass nur die jeweils branchenspezifischen und strukturspezifischen Risiken zu betrachten sind.

1.1.3 Der Umgang mit Risiken – das Risikomanagement

Grob umrissen beschreibt das Risikomanagement das Klassifizieren und Bewerten von Ungewissheiten. In der Theorie ist der Umgang mit Risiken ein elementarer Bestandteil der Entscheidungsfindung. Hierbei gilt die Prämisse des rationalen Entscheiders. Dieser pflegt den systematischen Umgang mit Risiken, um seinen persönlichen Nutzen zu maximieren. Aus Sicht des Risikomanagements besteht ein elementarer Unterschied darin, ob der rationale Entscheider – in diesem Fall die Unternehmensführung – Eigentümer ist oder lediglich Verfügungsgewalt über das Eigentum der Anteilseigner respektive über das Eigentum des alleinigen Eigentümers hat. Der Unterschied liegt darin, dass Risiken der einzelnen Handlungsfelder je nach Perspektive – also Ausprägungsgrade des persönlichen Nutzens – bzw. der Verbindung zum Unternehmen anders bewertet werden.

Im Zuge der Börsencrashs in den USA hat das Thema Risikomanagement auch in der öffentlichen Diskussion an Stellenwert gewonnen. Gerade Corporate-Governance-Grundsätze und der Sarbanes-Oxley Act (SOX) waren Bestandteile der Diskussion. Beide Leitlinien werden genau wie der Deutsche Corporate Governance Kodex (DCGK) im nächsten Abschnitt näher erläutert.[27] Zunächst aber muss verdeutlicht werden, dass Risikomanagement eine Aufgabe ist, die durch verschiedene Personen und Personenkreise durchgeführt werden kann. Abhängig von den Personen bzw. vom Personenkreis gibt es unterschiedliche Betrachtungsperspektiven. Während das Risikomanagement einer externen Wirtschaftsprüfung ggf. finanzielle Aspekte in den Mittelpunkt der Betrachtung stellt, kann beim Risikomanagement eines Projekts die Verfügbarkeit von einzelnen Ressourcen bzw. Mitarbeitern wesentlich sein. Im Fall des Projektmanagements werden hauptsächlich die zeitlichen, preislichen und qualitativen Zielabweichungen

---

[26] Eigene Darstellung; vgl. Abbildung 2 auf Seite 26
[27] Vgl. Ossadnik und Langer (2008, S. 321)

als Risiken identifiziert. Für das IT-Risikomanagement ist eines der drei wichtigsten Ziele, und damit auch im Fokus der Betrachtung der negativen Zielabweichung, die Verfügbarkeit. Schlussfolgernd ist das Risikomanagement speziell in IT-nahen Bereichen proaktiver Spieler bei der Risikovermeidung, aktiver Betreiber zukunftsorientierter Risikoabwehrstrategien und reaktiver Part von Risikoeintrittsbewältigung. Potenzielle Bedrohungen durch Gegenmaßnahmen komplett auszuschließen ist oftmals nicht möglich oder aber unwirtschaftlich. Übersteigen die Kosten der Maßnahmen zur Risikovermeidung die potenziellen finanziellen Schäden, werden in der Praxis Risiken bewusst in Kauf genommen. Diese bewusste Inkaufnahme von Risiken im Sinne der Definition ist ebenfalls als Risikomanagement anzusehen.[28]

Rechtliche Anforderungen an das Risikomanagement

Der Sarbanes-Oxley Act, ein nach den beiden Kongressabgeordneten Paul S. Sarbanes und Michael G. Oxley benanntes Gesetz, wurde am 30. Juli 2002 in den USA in Kraft gesetzt. Es war die Konsequenz aus den zahlreichen Unternehmenspleiten im Jahr 2002. Prominentestes Beispiel der Pleite war die namhafte Firma Worldcom, die nach massiver Bilanzfälschung in Höhe von 11 Mrd. US$ den USA den größten Konkurs der Geschichte bescherte. Das Gesetz macht Vorgaben, in welcher Form eine Corporate Governance etabliert sein muss, welche Form der Berichterstattung zu wählen und welche Art der internen Kontrolle durchzuführen ist. Bei Verstoß gegen das Gesetz können die Mitglieder der Unternehmungsleitung mit bis zu 20 Jahren Haft zur Verantwortung gezogen werden. Für das Unternehmen selbst kann ein Entzug der Börsenlistung die Folge sein. Selbstverständlich gelten diese Regelungen auch für deutsche Unternehmen, die an der amerikanischen Börse gelistet sind. In Bezug auf das IT-Risikomanagement ist im Besonderen die Sektion 404 des SOX von Bedeutung. Hier wird festgelegt, dass durch die Wirtschaftsprüfung nicht nur die Richtigkeit der ausgewiesenen Zahlen

---

[28] Vgl. Königs (2013, S. 11–13)

bestätigt werden muss, sondern ebenfalls die Richtigkeit der Prozesse im Unternehmen, die zur Ermittlung des Ergebnisses geführt haben. Neben den Prozessen muss zusätzlich auch die Richtigkeit des Systems, aus denen die Zahlen stammen, versichert werden. Daher wird auch der Umgang mit Informationsrisiken als wesentlicher Bestandteil der Sektion 404 betrachtet. Besonders für Dienstleiter, beispielsweise einen IT-Dienstleister, ist zu berücksichtigen, dass gemäß Sektion 303 des Gesetzes alle Unternehmen, die eine Dienstleistung für ein SOX-pflichtiges Unternehmen erbringen, ebenfalls die SOX-Anforderungen erfüllen müssen.[29]

Bereits vor den Unternehmenspleiten in den USA wurde in Deutschland 1998 das Gesetz zur Kontrolle und Transparenz im Unternehmensbereich (KonTraG) erlassen. Es verpflichtet den Vorstand einer Aktiengesellschaft sicherzustellen, dass negative Entwicklungen – im Speziellen jene, die den Fortbestand der Unternehmung gefährden – durch entsprechend etablierte Systeme frühzeitig erkannt werden. Darüber hinaus müssen nicht nur die finanziellen Fehlentwicklungen überwacht werden, sondern auch die potenziellen Fehlentwicklungen der IT. Dies können ‚Datenverluste', ‚Datenmissbrauch', ‚Datenbankkorrumpierung' und andere Angriffe auf IT-Ressourcen sein.[30] Einen Überblick über weitere gesetzliche Vorgaben in Deutschland in Zusammenhang mit dem Risikomanagement ist aus Abbildung 3 auf der folgenden Seite ersichtlich.

---

[29] Vgl. Königs (2013, S. 90–91)
[30] Vgl. Königs (2013, S. 78–79)

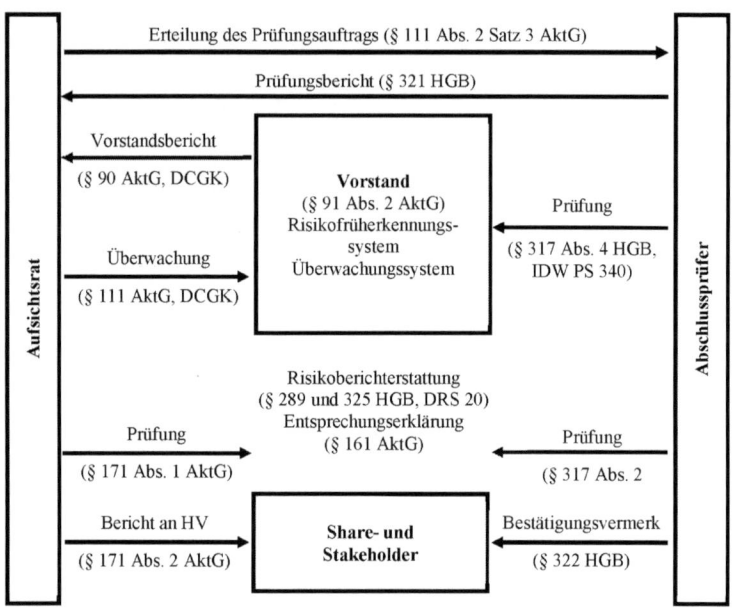

Abbildung 3: Rechtsnormen zum Risikomanagement[31]

Nun werden einige ausgewählte Rechtsnormen näher erörtert. § 91 Abs. 2 des Aktiengesetzes (AktG) verpflichtet – analog zum KonTraG – den Vorstand im Zuge des Risikomanagements zur Einführung eines Überwachungssystems.[32] Damit einhergehend – geregelt durch § 93 des AktG – ist der Vorstand einer AG verpflichtet, für eine regelmäßige und angebrachte Revision zu sorgen. Das Risikomanagement ist somit Teil der Sorgfaltspflicht und auch für den Geschäftsführer einer GmbH gültig. Basis für die gesetzlich vorgeschriebenen Aktivitäten ist der Lagebericht, der durch § 289 Abs. 1 des Handelsgesetzbuches (HGB) ebenfalls gesetzlich geregelt ist. Es muss ein Risikolagebericht vorliegen, der dem Aufsichtsrat und dem Vorstand frühzeitig ermöglicht, Erkenntnisse über negative Entwicklungen und Risikopotenziale zu gewinnen. Der vorgelegte Lagebericht muss

---

[31] Ossadnik und Langer (2008, S. 324)
[32] Vgl. Ossadnik und Langer (2008, S. 324–325)

laut § 317 Abs. 2 HGB nicht nur vorliegen, sondern auch auf seine Plausibilität überprüft werden. Im Zuge der Prüfung ist gemäß § 321 Abs. 1 HGB ein besonderes Augenmerk auf die künftige Entwicklung des Unternehmens zu legen. Dem Abs. 4 des § 317 HGB ist zu entnehmen, dass als Ergebnis der Prüfung ein Prüfbericht angefertigt werden muss. Als Ergebnis des Prüfberichts gemäß § 321 Abs. 4 HGB können Maßnahmen definiert werden, die das gesetzlich geforderte Überwachungssystem – das bereits beschrieben wurde – verbessern. Ergänzend zu allen vorhergehenden Paragrafen ist an dieser Stelle noch der bankenspezifische § 18 Satz 1 des Gesetzes über Kreditwesen (KWG) zu nennen, der eine pekuniäre Regelung des Risikomanagements für Banken vorgibt. So müssen bei Krediten jenseits von 750.000 € die Jahresabschlüsse des Kreditnehmers zwangsläufig vorliegen.[33] Eine Besonderheit der deutschen gesetzlichen Regelungen gegenüber SOX ist, dass der Vorstand als gesamtes Organ verantwortlich ist und nicht nur zwei Personen in Form des CEO und CFO.[34]

1.1.4 Etablierung des Risikomanagements im Unternehmen

Der Sarbanes-Oxley Act und das Gesetz zur Kontrolle und Transparenz im Unternehmensbereich geben Auflagen vor, die durch die betroffenen Unternehmen zu erfüllen sind. Auf diese Weise gibt es für die Verantwortlichen der betroffenen Unternehmen eine klare Regelung, was zu berichten ist und welchen Pflichten sie nachkommen müssen. Die Frage nach dem ‚Wie' bleibt allerdings unbeantwortet. In diesem Abschnitt soll dieser Frage nachgegangen werden. Hierzu bedarf es zunächst einer Betrachtung der vorherrschenden Organisationsformen im Zusammenhang mit der Frage, an welcher Stelle ein Risikomanagement sowohl organisatorisch als auch prozessual platziert werden muss. Exemplarisch wird das COSO ERM Framework als Good-Practice-Ansatz aufgeführt und erläutert.

---

[33] Vgl. Schneck (2001, S. 88–90)
[34] Vgl. Ossadnik und Langer (2008, S. 324–325)

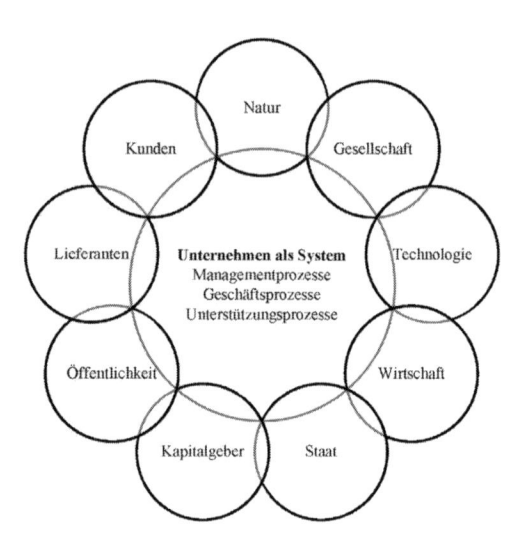

1 Gegenwärtiger Stand der gelösten Problematik

Abbildung 4: Einflussfaktoren der Unternehmensumwelt auf das Unternehmen als System[35]

Orientiert man sich am St. Galler Management-Modell, das in Abbildung 4 skizziert ist, wird klar, dass auf das System ‚Unternehmen' verschiedene Umweltfaktoren wirken. Ein Teil dieser Umweltfaktoren wurden als Risiken kategorisiert, weil sie negativ auf die Unternehmensziele wirken können. Die Konsequenz daraus ist, dass das System diese Einflussgrößen im Blick behalten muss, um die Risiken frühzeitig identifizieren und auch entsprechende Gegenmaßnahmen einleiten zu können, letztendlich also, die durch das Risikomanagement erarbeiteten Maßnahmen durchzuführen. Betrachtet man das Unternehmen als System, differenziert man zwischen Unterstützungs-, Geschäfts- und Managementprozessen. Kern eines Unternehmens sind die Geschäftsprozesse, die durch das Management koordiniert und gelenkt werden und unter Zuhilfenahme der Unterstützungsprozesse dafür sorgen, dass ein Unternehmen seine Ziele erreichen kann. Im Umkehrschluss kann es nicht Ziel des Geschäftsprozesses sein, Risiken zu vermeiden, sondern die Managementprozesse müssen dafür

---

[35] Vgl. Königs (2013, S. 74)

Sorge tragen, dass Geschäftsprozesse nur dann stattfinden, wenn die Risiken analysiert wurden und durch das Management entweder entsprechende Maßnahmen zur Risikovermeidung ergriffen oder die bewusste Inkaufnahme unternehmenspolitisch vertreten werden. Im Rückblick auf die Risikokategorien muss allerdings angemerkt werden, dass auch das Management als Risiko kategorisiert wird. Gleiches gilt für den Einsatz von Informationssystemen. Setzt man also ein Informationssystem als unterstützenden Prozess zur Risikominimierung ein, so existiert auf einmal ein weiteres Risiko. Aus diesen Gründen ist es nahezu obligatorisch, das Risikomanagement immer gesamthaft für das Unternehmen und dessen Einflussfaktoren zu betrachten.[36] Bei der Etablierung eines Risikomanagements ist immer darauf zu achten, dass es sowohl ein strategisches als auch ein ‚Operatives Risikomanagement' geben muss. Das Strategische Risikomanagement unterscheidet sich vom Operativen Risikomanagement in der Hinsicht, dass die Zeitintervalle, in denen es durchgeführt wird, wesentlich größer sind und hier die Risiken nur identifiziert und bewertet werden, während sie im Operativen Risikomanagement gesteuert, reportet und damit schließlich auch minimiert werden. Beide Teile des Risikomanagements arbeiten im Sinne eines Kreislaufs zusammen, wie in Abbildung 5 zu sehen ist.[37]

Strategisches Risikomanagement	
Risikoidentifikation	Operatives Risikomanagement
Risikobewertung	Risikomessung
Strategie(n)	Reporting
	Analyse
	Steuerung
	Kontrolle

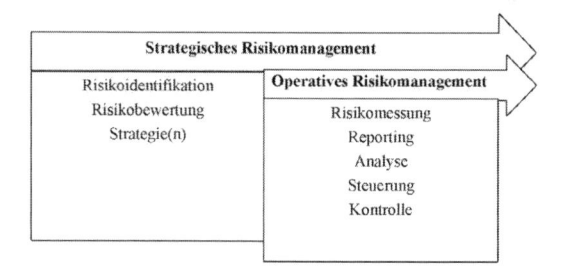

Abbildung 5:   Strategisches und Operatives Risikomanagement[38]

---

[36] Vgl. Königs (2013, S. 74–75)
[37] Vgl. Henkel, Kühne, Storch, und Waitz (2010, S. 32)
[38] Vgl. Henkel, Kühne, Storch, und Waitz (2010, S. 32)

Im Jahr 1992 wurde durch die Community of Sponsoring Organizations (COSO) ein Rahmenmodell geschaffen, das zeigt, wie ein internes Kontrollsystem aufgebaut werden kann. In den folgenden Jahren entwickelte sich das sogenannte COSO-Internal Control (IC)-Modell zu einem anerkannten Rahmenwerk für Kontrollsysteme. Im Zuge der Einführung von SOX im Jahre 2002 und dem damit verbundenen Bedarf der betroffenen Unternehmen, ein Risikomanagement einzuführen, wurde PricewaterhouseCoopers (PWC) beauftragt, das Rahmenwerk um den Aspekt des Risikomanagements zu erweitern.

Als Resultat wurde 2004 das Enterprise Risk Management – Integrated Framework (COSO ERM) veröffentlicht. Das Rahmenwerk versteht sich als Klammer rund um das Thema Risikomanagement und schließt dabei sowohl das Strategische als auch das Operative Risikomanagement mit ein. Betrachtet man daraufhin das COSO ERM als Würfel mit den drei Dimensionen Komponente, Geltungsbereich und Ziele, dann findet sich genau diese Unterscheidung unter den Begriffen strategische Ziele und operative Ziele wieder. Die verschiedenen Geltungsbereiche sind: Gesamtunternehmen, Geschäftseinheit, Zweigstelle und Division. Hervorzuheben ist, dass die Dimension Komponente im Vergleich zum COSO-IC-Modell um drei Komponenten erweitert wurde. Es wird nun zwischen Risikohandhabung, Risikobeurteilung, Ereignisidentifikation und Zielsetzungsprozessen unterschieden, die zuvor übergeordnet unter Risikobeurteilung betrachtet wurden. Ebenfalls neu sind die Begrifflichkeiten Risikobereitschaft und Risikotoleranz, die eindeutig zeigen, dass die Ergebnisse der Feldversuche, die im Zuge der Weiterentwicklung des Modells durchgeführt wurden, ins Modell eingeflossen sind. Hinter beiden Begriffen verbirgt sich die elementar wichtige Überlegung, dass auch das bewusste Tolerieren von Risiken bzw. auch die Bereitschaft, ein Risiko einzugehen, eine Form des Risikomanagements ist.[39] Aus Sicht des Verfassers muss jedoch die Risikotoleranz als wirtschaftliche Kennziffer definiert sein, um aufsichtsrechtlich dem KonTraG Genüge zu tun und die bewusste Entscheidung der möglichen Akzeptanz des Schadenseintrittes zu entsprechen.

---

[39] Vgl. Brünger (2009, S. 20–21)

1.1.5 Besonderheiten des IT-Risikomanagements

Die vorhergegangenen Erkenntnisse und die Differenzierung zwischen Operativen und Strategischem Risikomanagement gelten für das Risikomanagement genauso wie für das IT-Risikomanagement. Alle Rahmenwerke und gesetzlichen Vorgaben dienen dazu, Risiken zu erkennen, diese transparent zu machen und zu minimieren. Sie können so einen wichtigen Beitrag leisten, um ein Unternehmen einerseits dauerhaft erfolgreich zu machen, andererseits vor dem wirtschaftlichen Ruin zu bewahren. Es darf allerdings nie außer Acht gelassen werden, dass Chance und Risiko zwei Seiten derselben Medaille sind. Der Unternehmenserfolg ohne das Ergreifen von Chancen ist nahezu undenkbar. Die Kunst erfolgreichen Managements besteht also darin, Risikomanagement und Chancenmanagement in Einklang zu bringen, wobei es für Letzteres kein gesetzliches Rahmenwerk gibt.

Der Einsatz von Informationssystemen bietet die Chance, Geschäftsabläufe optimal zu unterstützen, Arbeitsabläufe zu flexibilisieren und neue Geschäftsideen schneller zu realisieren.

Informationssysteme sind aus der heutigen Geschäftswelt nicht mehr wegzudenken. Die Schnelligkeit, in der neue Systeme kreiert und neue Aufgabenstellungen mittels digitaler Unterstützung gelöst werden, zeichnet die Informationstechnologie aus. Die enorme Geschwindigkeit und Flexibilität der Informationssysteme birgt eine riesige Chance, ist aber zugleich ein oftmals unterschätztes Risiko. Analog zum allgemeinen Risikomanagement gibt es auch für das IT-Risikomanagement rechtliche Vorgaben, die sich zum Großteil aus den bekannten Gesetzen ableiten lassen. Auf die geltenden ISO-Normen wird im Folgenden genauso Bezug genommen wie auch auf den Good-Practice-Ansatz COBIT.

1.2 IT-Risiken – eine Kategorie für sich

Ein IT-Risiko ist ein Risiko aus der Risikokategorie Risiken des Informationssystems. Bisher wurde herausgearbeitet, dass der Mensch und fehlerhafte bzw. nicht aktualisierte Software die größten IT-Risiken darstellen. Die Basis hierfür lieferte der Anhang Annex C der ISO/IEC-27005[40]-Norm, gestützt durch die *Top Cyber Security Risks*-Studie des SANS Institute[41]. Die bereits durchgeführte Betrachtung reicht allerdings nicht aus, um die Vielfältigkeit von IT-Risiken und deren Betrachtungsweise hinreichend zu erfassen. Komplementär wird daher die Kategorisierung der *<kes>/Microsoft-Sicherheitsstudie 2012*[42] analysiert. Mittels sogenannter Gefahrenbereiche werden die IT-Risiken in ‚Unfälle', ‚Angriffe', ‚Höhere Gewalt' und ‚Sonstiges' kategorisiert. Ein Unwetter, ein Hurrikan oder ähnliche Natureinflüsse bzw. Katastrophen verbergen sich hinter dem Begriff Höhere Gewalt und können auch als Bedrohungen durch zufällige Ereignisse bezeichnet werden. Weniger zufällig, dafür aber genauso unvorsätzlich sind Bedrohungen durch Unfälle bzw. ‚Unbeabsichtigte Fehler'. Primär resultieren diese Fehler aus Bedienungsfehlern, können aber auch Übertragungsfehler sein, die z. B. durch ein in die Jahre gekommenes Netzwerkkabel entstanden sind. Für den Gefahrenbereich der Angriffe ist die Frage der Vorsätzlichkeit bereits durch den Begriff gegeben, unterschieden wird allerdings zwischen ‚Ungezielten' und ‚Gezielten Angriffen'. Ist ein Unternehmen von einem sich allgemein im Umlauf befindlichen Virus betroffen, kann hier von einem ungezielten Angriff gesprochen werden. Bei einem eigens für die spezifische Sabotage eines speziellen Unternehmens programmierten Virus, Wurm etc. muss hingegen von einem gezielten Angriff ausgegangen werden. Die statistische Verteilung kann der unten aufgeführten Übersicht entnommen werden.[43] Die befragten Unternehmen mussten Angaben darüber machen, mit welcher Priorität sie die verschiedenartigen Gefahrenbereiche bearbeiten. Zum Vergleich ist der Schadenseintritt innerhalb der Jahre 2010–2012 aufgeführt. Im Falle der übergeordneten Gefahrenbereiche sind diese in Bezug auf den Eintritt – einer der inbegriffenen Gefahrenbereiche – kumuliert. Es ist deutlich erkennbar, dass der Eintritt von Unfällen wesentlich häufiger ist als der von Angriffen.[44]

---

[40] Vgl. Internationale Organisation für Normung (2012)
[41] Vgl. Klipper (2011, S. 53–54)
[42] Vgl. SecuMedia Verlags-GmbH (2012)
[43] Vgl. Tabelle 2
[44] Vgl. SecuMedia Verlags-GmbH (2012)

1.2 IT-Risiken – eine Kategorie für sich

Tabelle 2: Schadenseintritt nach Gefahrenbereich[45]

Gefahrenbereich	Priorität Risiko	Schadenseintritt min. 1 bei
Angriffe	**2,63**	**44 %**
Angriffe ungezielt	*0,83*	*28 %*
• Malware (Viren, Würmer, trojanische Pferde …)	0,83	28 %
Angriffe gezielt	*1,8*	*29 %*
• Hacking (Vandalismus, Probing, Missbrauch …)	0,47	17 %
• unbefugte Kenntnisnahme, Informationsdiebstahl, Wirtschaftsspionage	0,55	10 %
• Sabotage (inkl. DoS)	0,32	7 %
• Manipulation zum Zweck der Bereicherung	0,46	7 %
Unfälle	**2,91**	**64 %**
Unfälle Technik	*1,57*	*43 %*
• Hardware-Mängel/-Defekte	0,4	35 %
• Software-Mängel/-Defekte	0,64	31 %
• Mängel der Dokumentation	0,53	22 %
Unfälle Mensch	*1,34*	*53 %*
• Irrtum und Nachlässigkeit eigener Mitarbeiter	1,01	40 %
• unbeabsichtigte Fehler von Externen	0,33	15 %
Höhere Gewalt	*0,22*	*10 %*
• höhere Gewalt (Feuer, Wasser …)	0,22	10 %
Sonstiges	*0,05*	*6 %*
• Sonstiges	0,05	6 %

Das Ergebnis der Studie deckte sich mit den bisherigen Erkenntnissen, dass der Mensch einen erheblichen Risikofaktor für IT-Systeme darstellt und somit als IT-Risiko zu identifizieren ist. Die <kes>/Microsoft-Sicherheitsstudie 2012[46] kommt aber

---

[45] Vgl. SecuMedia Verlags-GmbH (2012)
[46] Vgl. SecuMedia Verlags-GmbH (2012)

auch zu dem Schluss, dass dem Gefahrenbereich der Unfälle, also dem Auftreten von unbeabsichtigten Fehlern, wesentlich mehr Bedeutung beizumessen ist als gezielten oder auch ungezielten Angriffen.

Um dieser wichtigen Erkenntnis im Verlauf der Dissertation gerecht werden zu können, soll als Abschluss dieses Kapitels eine Kategorisierung der IT-Risiken durchgeführt werden, die verschiedene Sichtweisen konsolidiert. Aus Sicht des Verfassers bietet die Unterscheidung zwischen ‚IT-Safety' und ‚IT-Security'[47] einen sinnvollen Rahmen, indem man auch zwischen Risiken für die IT-Safety und Risiken für die IT-Security unterscheidet. Unter IT-Saftey sind der Schutz vor unbeabsichtigten Ereignissen zu sehen und die Sicherstellung der Betriebs- und Ausfallsicherheit von IT-Systemen[48]. Die Versorgung eines Servers mit einer unterbrechungsfreien Stromversorgung (USV) ist ein Beispiel für eine Maßnahme im Zuge der IT-Safety. Als Gefahr für die IT-Safety, und somit als ‚IT-Safety-Risiken' einzustufen, sind der komplette Gefahrenbereich Unfälle samt seiner Untergruppen Technik und Mensch. Ebenfalls unter dem Begriff IT-Safety-Risiken können alle Formen der Höheren Gewalt wie Feuer, Sturm etc. subsumiert werden. Der verbleibende Gefahrenbereich Angriffe – der Gefahrenbereich Sonstiges kann augenscheinlich nicht kategorisiert werden – ist sowohl in seiner gezielten als auch in seiner ungezielten Ausprägung als ‚IT-Security-Risiko' einzuordnen. Aus der Definition der IT-Safety folgernd und der bereits erfolgten Definition von Angriffen entsprechend, besteht die Aufgabe der IT-Security im Unterbinden von vorsätzlichen Handlungen bzw. Angriffen auf die IT-Systeme.[49] Für ein besseres Verständnis, wie ein solcher Angriff konkret aussehen kann, werden die Begriffe ‚Maleware' aus dem Gefahrenbereich der ungezielten Angriffe und ‚Hacking' bzw. ‚Sabotage' aus dem Gefahrenbereich der gezielten Angriffe folgendermaßen erläutert:

- Maleware (Virus): Ein Virus ähnelt in seiner Funktionsweise einem biologischen Virus und ist in der Lage, sich selbst zu reproduzieren und zu verbreiten. Je nach

---

[47] Vgl. Witt (2006, S. 67–68)
[48] Vgl. Witt (2006, S. 67)
[49] Vgl. Witt (2006, S. 68)

Art des Virus können die Auswirkungen von lustigen Fehlermeldungen bis zur Löschung von Dateien reichen.
- Maleware (Würmer): Ein Wurm verbreitet sich typischerweise mittels Mails, indem er sich selbst an die Kontaktdaten des Opfers weiterverschickt. Im Gegensatz zum Virus oder trojanischem Pferd geht es beim Wurm lediglich um das Verlangsamen oder Außerfunktionsetzen des Zielsystems und nicht um die Ausführung spezieller Programmzeilen, die z. B. Daten löschen.
- Maleware (trojanische Pferde): Analog dem Pferd von Troja versteckt sich im Bauch eines nützlichen Programms ein bösartiges Programm, das in den meisten Fällen dazu dient, Daten bzw. Passwörter auszuspähen und diese an den Angreifer zu senden. Im Gegensatz zu Viren verbreiten sich Trojaner nicht von selbst auf andere Systeme.
- Hacking: Das Ausnutzen von technischen Schwachstellen, um Kontrolle über ein fremdes System zu bekommen, wird allgemein als ‚Hacking' bezeichnet. Es muss allerdings unterschieden werden, ob die Schwachstellen nur aufgezeigt und keinerlei Daten manipuliert werden oder ob diese böswillig ausgenutzt werden. In letzterem Fall wird in der Fachwelt von ‚Crackern' und im ersten Fall von ‚Hackern' gesprochen. Eine weitere Gruppe sind die sogenannten ‚Script Kiddies'. Sie bedienen sich üblicherweise bereits bestehender Viren und Würmer und versuchen, bekannte Schwachstellen auszunutzen, verfolgen dabei aber kein spezielles Ziel. Besonders die Ziellosigkeit führt im Zweifel zu erheblichem Schaden am Zielsystem.
- Sabotage (DoS): Eine Denial-of-Service-Attacke hat genau das zum Ziel, was der Name bereits vermuten lässt, und zwar die Weigerung, einen Service weiterhin auszuführen. Hierfür wird beispielsweise ein Webserver so lange mit Anfragen bombardiert, bis dieser überlastet den Betrieb verweigert.[50]

---

[50] Vgl. Bundesamt für Sicherheit in der Informationstechnik (2014)

1.2.1 Rechtliche Anforderungen an das IT-Risikomanagement

Neben den bereits bekannten gesetzlichen Regelungen aus dem allgemeinen Risikomanagement gelten für die IT verschiedene weitere Gesetze, z. B. das Bundesdatenschutzgesetz (BDSG). Ehe die spezifischen Gesetze analysiert werden, sind die IT-relevanten Paragrafen der bereits bekannten Gesetze zu betrachten. Zu nennen ist hier der § 91 Abs. 2 des Aktiengesetzes und das Kontroll- und Transparenzgesetz, die beide die Einführung eines Risikomanagementsystems in Form eines Überwachungssystems fordern, das als ‚IT-Sicherheitsmanagement' verstanden werden kann.[51] Auch wenn es sich um ein digitales Informationssystem handelt, liegt die rechtliche Verantwortung dafür immer beim Vorstand und kann nicht an den IT-Leiter oder sonstige IT-Mitarbeiter übertragen werden.[52] Anders gelagert ist die Verantwortung allerdings in Bezug auf das Strafgesetzbuch (StGB). Hier kann jeder Mitarbeiter strafrechtlich zur Verantwortung gezogen werden, sofern ihm bei der Ausübung der ihm übertragenden Aufgaben gemäß § 276 Abs. 2 BGB Fahrlässigkeit vorzuwerfen ist. Weitere IT-spezifische Verstöße laut StGB sind in der Tabelle 3 auf der folgenden Seite ersichtlich.

Tabelle 3: IT-relevante Strafbestände im StGB[53]

Strafbestand	Paragraf
Ausspähen von Daten	§ 202a StGB
Datenveränderung	§ 303a StGB
Computersabotage	§ 303b StGB
Fälschung beweiserheblicher Daten	§ 269 StGB
Unterdrücken beweiserheblicher Daten	§ 274 Abs. 1 Nr. 2 StGB
Fälschung technischer Aufzeichnungen	§ 268 StGB

---

[51] Vgl. Ossadnik und Langer (2008, S. 324–325)
[52] Vgl. Heitmann (2007, S. 49)
[53] Eigene Darstellung; vgl. Heitmann (2007, S. 50)

Zu ergänzen ist die Schadensersatzpflicht, die im § 823 BGB geregelt ist. Subsumiert man diese auf einen Virenbefall, der z. B. durch einen Geschäftspartner hervorgerufen wurde, ist dieser zu Schadensersatz verpflichtet.[54] Aus internationalem Blickwinkel auf die IT muss abermals die Sektion 303 des Sarbanes-Oxley Act erwähnt werden. Es geht daraus hervor, dass auch ein IT-Dienstleister der für ein SOX-pflichtiges Unternehmen tätig ist, die SOX-Anforderungen erfüllen muss.[55]

Über die bekannten Gesetze hinaus ist das Bundesdatenschutzgesetz (BDSG) als wesentlich anzusehen. Es regelt die Erhebung, Verarbeitung und Nutzung von Daten. Für die IT lassen sich aus dem § 9 BDSG ableiten, dass zu jeder Zeit für die Daten selbst und die Systeme, die solche Daten verarbeiten, eine Zugangs-, Zugriffs- und Zutrittskontrolle gewährleistet werden muss.[56] Diese Anforderungen stehen im absoluten Einklang mit den drei Grundwerten des IT-Sicherheitsmanagements, die Verfügbarkeit, Vertraulichkeit und Integrität von Informationen sicherzustellen.[57]

Das Service Level Agreement (SLA) stellt zwar keine rechtliche Rahmenbedingung dar, die Einhaltung der in diesem Vertrag aufgeführten Leistungen ist allerdings juristisch bindend. Gerade in der IT sind SLAs immer nur Spiegelbild der zum Zeitpunkt der Erstellung vorherrschenden technischen Gegebenheiten. Sinnvollerweise beschreibt das SLA die Rahmenbedingungen und schafft Transparenz zwischen Auftraggeber und Auftragnehmer. Gerade im Sinne der Transparenz ist es wichtig, die Übergabepunkte zu definieren. Üblicherweise werden Kennzahlen vereinbart, die in einer festgelegten Zeitperiode berichtet werden. Bei vielen Outsourcing-Verträgen ist die Verfügbarkeit von Systemen als Kennzahl definiert und kann bei Nichterfüllung auch zu Vertragsstrafen führen, die ebenfalls Teil des SLAs sind. Die Höhe der Vertragsstrafe richtet sich oftmals nach der Häufigkeit und Länge der Nichtverfügbarkeit. Es sollte im Vertrag auch festgehalten werden, welche Standards einzuhalten sind. Beim Outsourcing der IT einer Bank ist natürlich darauf zu achten, dass die Einhaltung der SOX-Standards durch den Provider sichergestellt wird. Da es sich

---

[54] Vgl. Franz (2000, S. 49–51)
[55] Vgl. Königs (2013, S. 90–91)
[56] Vgl. Franz (2000, S. 46–48)
[57] Vgl. Grünendahl, Steinbacher, und Will (2009, S. 103)

bei einem SLA um einen rechtlichen Vertrag handelt, ist eine begründete außerordentliche Kündigung die letzte Konsequenz aus einer Missachtung des Vertragsverhältnisses. Sie kann sowohl durch den Auftraggeber als auch durch den Auftragnehmer erfolgen.[58]

1.2.2 Etablierung des IT-Risikomanagements in Unternehmen

Die Anforderungen aus dem IT-Risikomanagement lassen sich mithilfe von verschiedenen Good-Practices-Ansätzen umsetzen und werden nun näher betrachtet. Die Reihenfolge und Ausführlichkeit, in der die einzelnen Good Practices erörtert werden, orientiert sich an deren Bedeutsamkeit in der Praxis. Datenbasis ist ein Auszug aus der <kes>/Microsoft-Sicherheitsstudie 2012[59], in der die Teilnehmer nach der Bekanntheit und praktischen Bedeutung von Standardwerken gefragt wurden.[60]

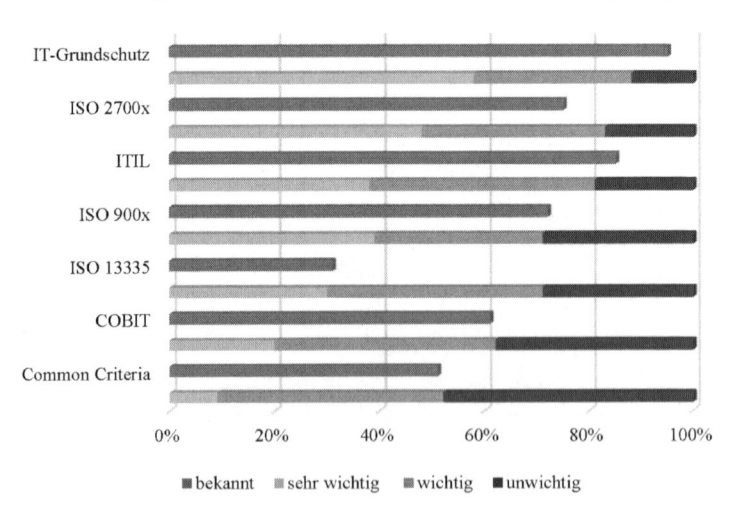

Abbildung 6: Bekanntheit und praktische Bedeutung von Kriterienwerken zur Informations-Sicherheit[61]

---

[58] Vgl. Bartsch (2013)
[59] Vgl. SecuMedia Verlags-GmbH (2012)
[60] Vgl. Abbildung 6
[61] Vgl. SecuMedia Verlags-GmbH (2012)

Hier zeichnet sich ein klares Bild hinsichtlich der Bedeutung ab, bei dem der *IT-Grundschutz* die größte Rolle spielt, gefolgt von ISO 2700x, ITIL und der ISO-900x-Norm. Als weniger bedeutsam werden hier ISO 13335, COBIT und die *Common Criteria* gesehen und werden daher in diesem Abschnitt nicht näher erörtert.

Der IT-Grundschutz ist zunächst als übergeordnete Begrifflichkeit zu sehen, die das Bundesministerium für Sicherheit in der Informationstechnik (BSI) als Basis für Informationssicherheit verstanden haben möchte. Zusammengefasst werden hier verschiedene Hilfsmittel in Form von Methoden, Tools und verschiedenen Standards. Ergänzend ist auch eine Zertifizierung nach ISO 27001 auf Basis vom IT-Grundschutz möglich.[62] Auf diesem Weg möchte das BSI dem Bedarf internationaler Unternehmen nachkommen, sich gemäß einem internationalen Standard zertifizieren zu lassen.

Hierbei ergibt sich allerdings ein Problem im Detail. Da das BSI selbst keine internationale akkreditierte Zertifizierungsstelle ist, wird im Grunde ein internationales Zertifikat durch eine nationale Behörde vergeben.[63] Das BSI hingegen sieht sich allerdings durch seinen rechtlichen Auftrag dazu bemächtigt:

> „Das BSI ist als nationale Sicherheitsbehörde auf Gesetzesgrundlage zur Erteilung von Sicherheitszertifikaten für informationstechnische Systeme oder Komponenten ermächtigt (§ 9 BSIG, 14. August 2009). Im Gegensatz zu privatwirtschaftlichen Organisationen, ist daher eine Akkreditierung als Zertifizierungsstelle nicht angezeigt."[64]

Da die Problematik in der Praxis weniger relevant ist, wird sie hier nicht weiter thematisiert. Es folgt stattdessen eine inhaltliche Betrachtung der vielen Teilaspekte des IT-Grundschutzes, bevor der ISO-27001-Standard nochmals aufgegriffen wird.

Die *IT-Grundschutz-Kataloge* sind ein durch das BSI zur freien Verfügung gestelltes Dokument, das zusätzlich auch in Form einer Website abrufbar ist. Die

---

[62] Vgl. Bundesamt für Sicherheit in der Informationstechnik (2014)
[63] Vgl. Klipper (2011, S. 44)
[64] Bundesamt für Sicherheit in der Informationstechnik (2008)

aktuelle Dokumentenversion von 2013 besteht aus rund 4.500 Seiten. Aufgrund des genannten Umfangs kann in diesem Abschnitt lediglich ein kurzer Abriss der Inhalte der Kataloge gegeben werden.[65] Die Abbildung 7 bietet einen Überblick der Veröffentlichungen des BSI. Der grobe Aufbau der IT-Grundschutz-Kataloge ist ebenfalls aus der Abbildung ersichtlich.

Neben zwei Einleitungskapiteln bestehen die IT-Grundschutz-Kataloge aus den Bausteinkatalogen, Gefährdungskatalogen und Maßnahmenkatalogen. Die Kataloge verfolgen dabei den Anspruch, möglichst alle Aspekte der Informationssicherheit aufzugreifen, ohne hierbei Informationen unnötig zu replizieren. Stattdessen wird innerhalb der Kataloge immer wieder aufeinander Bezug genommen. Parallel zu den IT-Grundschutz-Katalogen existieren ebenfalls BSI-Standards, die einzelne Themengebiete aus den IT-Grundschutz-Katalogen aufgreifen und im Detail – speziell für den Einsatz in der Praxis – beschreiben. Diese Standards können ebenfalls losgelöst vom IT-Grundschutz als eigenständige Normen genutzt und umgesetzt werden.

---

[65] Vgl. Bundesamt für Sicherheit in der Informationstechnik (2013)

1.2 IT-Risiken – eine Kategorie für sich 51

BSI-Standards zur Informationssicherheit	IT-Grundschutz-Kataloge
• **BSI-Standard 100-1** • Managementsysteme für Informationssicherheit (ISMS) • **BSI-Standard 100-2** • IT-Grundschutz-Vorgehensweise • **BSI Standard 100-3** • Risikoanalyse auf der Basis von IT-Grundschutz • **BSI-Standard 100-4** • Notfallmanagement	• **Kapitel 1 – Vorspann** • **Kapitel 2 – Schichtenmodell und Modellierung** • **Bausteinkataloge** • B1 Übergreifende Aspekte • B2 Infrastruktur • B3 IT-Systeme • B4 Netze • B5 Anwendungen • **Gefährdungskataloge** • G0 Elementare Gefährdungen • G1 Höhere Gewalt • G2 Organisatorische Mängel • G3 Menschliche Fehlhandlungen • G4 Technisches Versagen • G5 Vorsätzliche Handlungen • **Maßnahmenkataloge** • M1 Infrastruktur • M2 Organisation • M3 Personal • M4 Hardware und Software • M5 Kommunikation • M6 Notfallvorsorge

Abbildung 7: Übersicht über BSI-Publikationen zum Sicherheitsmanagement[66]

Die einzelnen BSI-Standards werden im Zuge dieses Kapitels als eigenständige Werke beleuchtet. Der Detailierungsgrad richtet sich hierbei nach der Relevanz für das Thema der Dissertationsschrift.

Zunächst allerdings ein Blick auf die Einleitungskapitel der IT-Grundschutz-Kataloge respektive ein Resümee aus deren Inhalten. Wie der Titel „IT-Grundschutz – Basis für Informationssicherheit" bereits nahelegt, fokussiert sich das Kapitel zunächst darauf, was Informationssicherheit bedeutet, um dann darzulegen, warum der

---

[66] Vgl. Bundesamt für Sicherheit in der Informationstechnik (2008, S. 9)

IT-Grundschutz diese gewährleisten kann. Wie einleitend beschrieben, ist eine funktionierende Informationsverarbeitung für die heutige Industrie und Gesellschaft absolut essenziell. Auch die damit korrelierenden Ziele können Großteils nur bei einer funktionierenden IT erreicht werden. Im Umkehrschluss ist der soziale Schaden, der durch den Ausfall von Informationssicherheit potenziell entstehen kann, ungleich größer. Dass das Risiko nicht nur auf die Technik, sondern im speziellen auch auf die Organisation zurückzuführen ist, wird ebenfalls thematisiert. Auch hier werden die drei Kerngefahren Verlust der Verfügbarkeit, Verlust der Vertraulichkeit, Verlust der Integrität[67] beschrieben. Eine weitere Gefahr ergibt sich durch die rapide steigende Vernetzung von Alltagsgegenständen, die damit durch das Internet steuerbar und lokalisierbar werden – unter Umständen auch durch Fremde. Die Masse an Gefährdungen macht es nahezu unmöglich, alle Gefahren durch das Patchen von Software oder durch ähnliche Maßnahmen mit sofortiger Wirkung abzustellen. Folglich ist ein Warnsystem wichtig, um Gefahren zu kategorisieren und zu priorisieren.

An diesem Beispiel wird noch einmal deutlich, dass nur eine Kombination sowohl aus technischen bzw. baulichen als auch organisatorischen Maßnahmen Erfolg haben kann. Der IT-Grundschutz hat den Anspruch, all diese Aspekte abzubilden.[68] Der ganzheitliche Ansatz, der hier zum Tragen kommt, bedingt, dass für typische Geschäftsprozesse mit ‚Normalem Schutzbedarf' konkrete Maßnahmen ausgearbeitet wurden und für Geschäftsprozesse mit ‚Darüber Hinausgehendem Schutzbedarf' hauptsächlich Methoden, mit deren Hilfe die Maßnahmen identifiziert werden können.

Eine Methode ist die ergänzende Sicherheitsanalyse, mit deren Hilfe man zusätzliche Sicherheitsmaßnahmen identifizieren kann, die den Grundstock an Maßnahmen aus dem IT-Grundschutz sinnvoll ergänzen. Für die Mehrheit der Geschäftsprozesse reicht es allerdings aus, einen Soll-Ist-Vergleich zwischen dem gerade erwähnten Grundstock an Maßnahmen aus dem IT-Grundschutz und den durchgeführten Sicherheitsmaßnahmen anzustellen. Durch das Baukastenprinzip der IT-Grundschutz-Kataloge ist es möglich, auf die ständigen Änderungen in der

---

[67] Korrektheit von Informationen.
[68] Vgl. Bundesamt für Sicherheit in der Informationstechnik (2013, S. 1.1/1–3)

Informationssicherheit flexibel zu reagieren, indem beispielsweise neue Gefahren in den Gefahren-Katalogen aufgenommen werden.[69] Der nächste Abschnitt in den IT-Grundschutz-Katalogen behandelt bereits die Bausteine-Kataloge, die sich in die Phasen, wie sie in der Tabelle 4 auf folgender Seite beschrieben sind, aufteilen. Die aufgeführten Phasen werden für jedes einzelne System ggf. auch jeden Prozess, ausführlich beschrieben. Der Aufbau hierbei ist immer identisch. Zunächst wird der Baustein kurz beschrieben und darauffolgend die ‚Potenziellen Gefährdungen' und die ‚Zu Ergreifenden Maßnahmen' aufgezeigt. An dieser Stelle werden die bereits erwähnten Informationsredundanzen durch eine Auflistung der einzelnen Gefährdungen und Maßnahmen ergänzt. Im Zusammenhang mit den Maßnahmen wird noch darauf verwiesen, in welcher Phase des Prozessablaufes diese durchzuführen sind. Die genaueren Beschreibungen von Gefährdungen und Maßnahmen finden sich in den beiden gleichnamigen letzten Katalogen der IT-Grundschutz-Kataloge wieder. Die Gefährdungen werden in ‚Elementare Gefährdungen', ‚Höhere Gewalt', ‚Organisatorische Mängel', ‚Menschliche Fehlhandlungen', ‚Technisches Versagen' und ‚Vorsätzliche Handlungen' innerhalb des Gefährdungskatalogs gegliedert.

---

[69] Vgl. Bundesamt für Sicherheit in der Informationstechnik (2013, S. 1.2/4–5)

Tabelle 4: Phasenaufbau Bausteine-Kataloge mit Beispiel[70]

Phase	Typische Tätigkeiten	Beispiele aus B 4.1 Heterogene Netzwerke
Planung und Konzeption	• Definition des Einsatzzweckes • Abwägung des Risikopotenzials • Dokumentation der Einsatzentscheidung • Erstellung des Sicherheitskonzeptes • Festlegung von Richtlinien für den Einsatz	• M 2.139 (A) Ist-Aufnahme der aktuellen Netzsituation
Beschaffung (sofern erforderlich)	• Festlegung der Anforderungen an zu beschaffende Produkte • Auswahl geeigneter Produkte	
Umsetzung	• Konzeption und Durchführung des Testbetriebs • Installation und Konfiguration gemäß Sicherheitsrichtlinie • Schulung und Sensibilisierung aller Betroffenen	• M 4.82 (A) Sichere Konfiguration der aktiven Netzkomponenten
Betrieb	• Sicherheitsmaßnahmen für den laufenden Betrieb (z. B. Protokollierung) • Kontinuierliche Pflege und Weiterentwicklung • Änderungsmanagement • Audit	• M 4.81 (B) Audit und Protokollierung der Aktivitäten im Netz
Aussonderung (sofern erforderlich)	• Entzug von Berechtigungen • Sichere Entsorgung von Datenträgern	
Notfallvorsorge	• Umgang mit Sicherheitsvorfällen • Erstellen eines Notfallplans	• M 6.53 (Z) Redundante Auslegung der Netzkomponenten

---

[70] Eigene Darstellung; vgl. Bundesamt für Sicherheit in der Informationstechnik (2013, S. 1.3/8); Bundesamt für Sicherheit in der Informationstechnik (2013, S. 4.1/3)

Der Katalog für Elementare Gefährdungen ist als Zusammenfassung der grundlegenden Gefahren aus anderen Katalogen zu sehen. Die einzelnen Maßnahmen aus den Maßnahmen-Katalogen hingegen werden den einzelnen Phasen (s. Tabelle 4) zugeordnet. Da das Thema der Arbeit speziell auf die logische und physische Vernetzung in der Produktion abzielt, wird das Element ‚B 4.1 Heterogene Netze' zur Veranschaulichung der Bausteine-Katalogen genauer betrachtet. Die Beschreibung unterscheidet zwischen ‚Aktiven' und ‚Passiven Netzwerkkomponenten' und führt aus beiden Kategorien einzelne Komponenten an. Im Fall der Passiven Netzwerkkomponenten wird auf einen weiteren Baustein ‚B 2.2. Elektrotechnische Verkabelung' verwiesen, ebenso wie auf ‚B 3.301 Sicherheitsgateway'. Die Gefährdungslage erstreckt sich über die bekannten Kategorien. Hier einige Gefahren als Beispiele: ‚G 1.2 Ausfall von IT-Systemen' (Höhere Gewalt), ‚G 2.44 Inkompatible aktive und passive Netzwerkkomponenten' (Organisatorische Mängel), ‚G 3.28 Ungeeignete Konfiguration der aktiven Netzwerkkomponenten' (Menschliche Fehlhandlungen), ‚G 4.31 Ausfall oder Störung von Netzkomponenten' (Technisches Versagen), ‚G 5.8 Manipulation an Leitungen' (Vorsätzliche Handlungen).[71] Nach dem gleichen Schema wie im ausgewählten Beispiel B 4.1 Heterogene Netze gezeigt, werden in den Bausteine-Katalogen zahlreiche weitere Systeme und Prozesse systematisch beschrieben. Die Bausteine-Kataloge sind nach Schichten gegliedert. Die Gliederung ist der Tabelle 5 auf der folgenden Seite zu entnehmen. Das Beispiel der Heterogenen Netze ist der Schicht 4 zuzuordnen.

---

[71] Vgl. Bundesamt für Sicherheit in der Informationstechnik (2013, S. 4.1/3)

Tabelle 5: Schichten der Bausteine-Kataloge[72]

Schicht	Beispiel
Schicht 1: Übergreifende Aspekte	Sicherheitsmanagement, Organisation, Personal und Notfallmanagement
Schicht 2: Infrastruktur	Baulich-physische Gegebenheiten von Rechenzentren und häuslichen PC-Arbeitsplätzen
Schicht 3: IT-Systeme	TK-Anlagen, Laptops, PCs
Schicht 4: Netze	WLAN, VoIP, VPN
Schicht 5: Anwendungen	Webserver, Datenbanken

In den Gefährdungskatalogen werden die Gefahren textuell beschrieben und mit Beispielen belegt. Anders verhält es sich bei den Maßnahmenkatalogen: Hier werden zuerst Personen definiert, die für die Umsetzung und Initiierung verantwortlich sein sollten. Die individuellen Fähigkeiten und Befugnisse der jeweils Verantwortlichen werden wiederrum durch Rollen abgebildet, die im Kapitel 3 des IT-Grundschutz-Kataloges festgelegt sind. Auf die Benennung der Maßnahmen-Verantwortlichen folgt eine präzise Beschreibung der Maßnahme. Den Abschluss bildet eine Reihe an Prüffragen, mit denen verifiziert werden kann, dass die Maßnahme umgesetzt wurde.[73]

Zusammenfassend kann man festhalten, dass der Umfang der IT-Grundschutz-Kataloge nicht der Komplexität geschuldet ist, sondern der Vielzahl an Systemen bzw. Prozessen, die mit ihren einzelnen Phasen abgebildet sind und deren Gefahren und Maßnahmen aufgeführt werden. Als Beispiel ist in der Tabelle 6 auf der folgenden Seite ein Baustein mit jeweils einer korrespondierenden Gefahr und einer korrespondierenden Maßnahme aufgeführt.

---

[72] Eigene Darstellung; vgl. Bundesamt für Sicherheit in der Informationstechnik (2013, S. 2.1/2)
[73] Vgl. Bundesamt für Sicherheit in der Informationstechnik (2013, S. M 38–41)

1.2 IT-Risiken – eine Kategorie für sich

Tabelle 6: Aufbau Kataloge und Verweise[74]

Beispiel samt Ursprungskataloge	Textausschnitte und Verweise
B 4.1 Heterogene Netze (Bausteine – 4 Netze)	„Für den IT-Grundschutz eines heterogenen Netzes werden pauschal die folgenden Gefährdungen angenommen: ... G 4.31 Ausfall oder Störung von Netzkomponenten."[75] „Für den sicheren Einsatz eines heterogenen Netzes sind eine Reihe von Maßnahmen umzusetzen ... Redundante Auslegung der Netzkomponenten (siehe M 6.53 Redundante Auslegung der Netzkomponenten) ..."[76]
G 4.31 Ausfall oder Störung von Netzkomponenten (Gefährdungskataloge – G4 Technisches Versagen)	„Durch einen Ausfall oder eine Störung von aktiven Netzkomponenten kommt es zu einem Verlust der Verfügbarkeit des Netzes oder von Teilbereichen davon ..."[77]
M 6.53 Redundante Auslegung der Netzkomponenten (Maßnahmenkataloge – M6 Notfallvorsorge)	„An die Verfügbarkeit der zentralen Netzkomponenten müssen hohe Anforderungen gestellt werden, da in der Regel viele Benutzer vom reibungslosen Funktionieren eines lokalen Netzes abhängig sind ..."[78]

Der BSI-Standard 100-1 definiert Managementsysteme für Informationssicherheit (ISMS) unter der Prämisse, dass mit Management nicht die Leitung respektive Leitungsebene eines Unternehmens oder einer Behörde gemeint ist, sondern das Leiten, Lenken und Planen, letztendlich also der Managementprozess. Für das Management gelten innerhalb des ISMS gewisse Managementprinzipien. Als Werkzeuge, um die Lenkung von Aktivitäten und Aufgaben im Sinne der Informationssicherheit zu meistern, ist ein entsprechendes Sicherheitsprozesskonzept vonnöten. Neben den Managementprinzipien und dem Sicherheitsprozess bedarf es zur Umsetzung des ISMS auch Ressourcen und Mitarbeiter. Alle vier Bestandteile sind in Abbildung 8 auf folgender Seite illustriert.[79]

---

[74] Eigene Darstellung
[75] Bundesamt für Sicherheit in der Informationstechnik (2013, S. B 4.1/1–2)
[76] Bundesamt für Sicherheit in der Informationstechnik (2013, S. B 4.1/2–3)
[77] Bundesamt für Sicherheit in der Informationstechnik (2013, S. G 4.31/32)
[78] Bundesamt für Sicherheit in der Informationstechnik (2013, S. M 6.53/82)
[79] Vgl. Bundesamt für Sicherheit in der Informationstechnik (2008, S. 3)

Sicherheitsprozess	Mitarbeiter
ISMS	
Ressourcen	Managementprinzipien

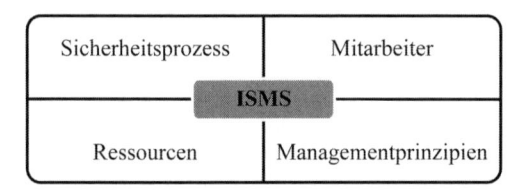

Abbildung 8: Bestandteile eines Managementsystems für Informationssicherheit[80]

Bei der Etablierung eines ISMS werden mehrere Phasen auf Basis des PDCA-Modells absolviert. Das generische Modell teilt sich in vier Phasen auf, die zyklisch durchlaufen werden. Die Phasen sind: ‚Planung und Konzeption' (Plan), ‚Umsetzung der Planung' (Do), ‚Erfolgskontrolle', ‚Überwachung der Zielerreichung' (Check) und ‚Optimierung der Verbesserung' (Act). Angewandt auf den Prozess der Informationssicherheit gestalten sich die Phasen wie folgt: Im ersten Schritt erfolgt die Analyse der Rahmenbedingungen, Festlegung der Sicherheitsziele und Festlegung der Sicherheitsstrategie (Plan). Die Umsetzung erfolgt durch ein Sicherheitskonzept, gestützt auf einer Informationsorganisation, die die notwendigen Strukturen abbildet (Act). Sowohl das Sicherheitskonzept als auch die Informationsorganisation durchlaufen parallel dann die Planungsphase, die Umsetzungsphase und die Erfolgskontrolle, die letztendlich in einer Optimierung enden. Anschließend wird der übergeordnete Sicherheitsprozess ebenfalls einer Erfolgskontrolle (Check) unterzogen und ggf. optimiert (Act). Das Rückgrat des PDCA-Modells bildet die Kontinuität, d. h., dass alle Phasen regelmäßig und wiederholend durchlaufen werden. Schlussendlich ist die Wirksamkeit des ISMS das entscheidende Kriterium, das es regelmäßig zu überprüfen gilt. Um bei der Kontrolle Neutralität zu garantieren und Betriebsblindheit auszuschließen, sollte zumindest ein Teil der Kontrollen durch externe Prüfer durchgeführt werden. Der Grad der Formalität und die Frequenz der Überprüfung sollten der Unternehmensgröße entsprechend ausgeprägt sein.[81]

Unabhängig davon, ob es sich um ein kleines Unternehmen, einen riesigen Konzern oder eine Behörde handelt, die Grundvoraussetzung für ein erfolgreiches ISMS ist, dass das Management sich seiner Verantwortung für die Informationssicherheit bewusst ist

---

[80] Vgl. Bundesamt für Sicherheit in der Informationstechnik (2008, S. 13)
[81] Vgl. Bundesamt für Sicherheit in der Informationstechnik (2008, S. 16)

1.2 IT-Risiken – eine Kategorie für sich

und dies im Sinne einer Vorbildfunktion für die Mitarbeiter sichtbar macht, sich also an den Managementprinzipien, die für ein ISMS gelten, orientiert. Darunter sind explizit auch Kommunikation und Dokumentation zu verstehen. Es erscheint dabei geeignet, vier Arten der Dokumentation zu nutzen: eine technische Dokumentation der Arbeitsabläufe, Anleitungen für den IT-Anwender, Reporte für Managementaufgaben und Aufzeichnungen von Managemententscheidungen. Die technische Dokumentation soll dabei helfen, im Störfall möglichst schnell den unterstützten Geschäftsprozess wiederherzustellen. Durch die Anleitungen für die Anwender soll gewährleistet werden, dass immer ein sensibler Umgang mit Informationen stattfindet. Dies betrifft auch Vorgehensweisen für den Umgang mit Mailverkehr oder Hilfestellung beim Erkennen von ‚Social Engineering'[82] – also dem Ausnutzen von menschlichen Eigenschaften, wie Vertrauen und Hilfsbereitschaft, um an Informationen zu gelangen. In Reporten für das Management werden Ergebnisse zusammengefasst und aufgezeigt, an welcher Stelle Unterstützung durch das Management notwendig ist. Entscheidungen des Managements – so sieht es das ISMS vor – werden dokumentiert, damit diese transparent und belastbar sind. Die Formalitäten der gesamten Dokumentation müssen sich in Detailierungsgrad, Aufbewahrungspflicht und Art des Mediums mindestens nach den jeweils vertraglich oder gesetzlich geltenden Anforderungen richten.[83] Beim Bestandteile Ressourcen und Mitarbeiter ist es gerade im Bereich der Sicherheit wichtig, dass ein Augenmerk auf die Verhältnismäßigkeit gelegt wird. So sollten zuerst die Maßnahmen umgesetzt werden, die Abhilfe für besonders hohe Risiken schaffen. Nach Auffassung des Autors und Erfahrungen aus der Praxis müssen dies nicht immer die teuersten Maßnahmen sein. Die Sensibilisierung aller Mitarbeiter samt Führungskräften ist allerdings eine unabdingbare Maßnahme. Weitere Maßnahmen leiten sich aus dem jeweiligen Sicherheitskonzept ab. Die Erstellung, Umsetzung und Kontrolle des Sicherheitskonzepts wird im Folgenden anhand des BSI-Standards 100-1 detailliert beschrieben. In der Erstellungsphase wird das Verhältnis zwischen Geschäftsprozess und Information analysiert unter den Gesichtspunkten Verfügbarkeit, Vertraulichkeit und Integrität. Die Bedrohungslage für die einzelnen Geschäftsprozesse durch Höhere Gewalt, Organisatori-

---

[82] Vgl. Bundesamt für Sicherheit in der Informationstechnik (2013, S. G 5.42/43)
[83] Vgl. Bundesamt für Sicherheit in der Informationstechnik (2008, S. 17–23)

sche Mängel, Menschliches Fehlverhalten oder IT-Risiken spielen hierbei die entscheidende Rolle. Der nächste Schritt – die Durchführung der Risikobewertung – kann mithilfe von bewährten Best-Practice-Ansätzen wie dem BSI-Standard 100-3 erfolgen. Eine genaue Betrachtung des BSI-Standard 100-3 folgt in den kommenden Abschnitten. Sollte der BSI-Standard 100-3 nicht ausreichend sein, kann auch eine individuelle Risikobewertung durchgeführt werden. Hierbei hat es sich als sinnvoll erwiesen, die Eintrittswahrscheinlichkeit der Risiken und der potenziellen Schäden in drei Kategorien einzuteilen, wie z. B. ‚Mittel', ‚Hoch', ‚Sehr hoch'. Ist dieser Schritt vollzogen, kann die Risikobewertung stattfinden. Zuerst müssen die zu schützenden Informationen und Geschäftsprozesse samt Bedrohungen identifiziert werden. Anschließend gilt es, die korrespondierenden Schwachstellen aufzudecken. Es folgt die Bewertung potenzieller Schäden und die einhergehenden Auswirkungen auf die Geschäftstätigkeit. Auf Basis der gewonnenen Erkenntnisse muss die Leitungsebene ihrer Verantwortung für das Informationssicherheitsmanagement gerecht werden und eine Entscheidung treffen, ob die Risiken vermindert, vermieden, übertragen oder akzeptiert werden. Neben dem Ergreifen von Sicherheitsmaßnahmen kann dies auch die Umstrukturierung von Geschäftsprozessen, das Abschließen einer Versicherung oder das Outsourcen gewisser Aufgaben bedeuten. Als Ergebnis bleibt ggf. ein Restrisiko, was ebenfalls bewertet und dokumentiert werden muss. Die Auswahl der durchzuführenden Maßnahmen erfolgt ebenso unter dem Grundsatz, dass die meisten ‚Technischen Lösungen' mit ‚Organisatorischen Maßnahmen' einhergehen – analog zur Festlegung der Maßnahmen für die Sicherheitsstrategie. So muss der Einsatz von Kryptografie an die entsprechende Einweisung des Personals, was die Sensibilität von Daten anbelangt, anknüpfen. Es folgt die Umsetzungsphase mit einer Anzahl an Maßnahmen, die priorisiert sind, für die es Verantwortliche gibt und denen entsprechende Ressourcen zugeteilt sind. Enge Kommunikationswege zur Leitungsebene sind in der Umsetzungsphase sehr wichtig, um möglichen Schwierigkeiten schnell entgegenwirken zu können. Auch für ein Sicherheitskonzept greifen die Phasen einer Überprüfung und kontinuierlichen Verbesserung des PDCA-Modells. Zur Überprüfung ist es ratsam, ein internes oder ggf. auch externes Audit durchführen zu lassen. Teilaspekte, die berücksichtigt werden sollten, sind die

Anpassung des Sicherheitskonzepts auf Änderungen im laufenden Betrieb, Sicherheitsvorfälle im laufenden Betrieb, Einhaltung der Vorgaben und die Wirksamkeit der Maßnahmen. Auch im Hinblick auf die Kosten ist die Überprüfung der Wirksamkeit ein besonders wichtiger Teilaspekt, um die effiziente Umsetzung von Maßnahmen sicherzustellen. Die Ergebnisse der Überprüfung der verschiedenen Teilaspekte werden für das Management zusammengefasst, das daraufhin Maßnahmen ergreifen kann, um eine Optimierung herbeizuführen. Das letzte Kapitel des BSI-Standards 100-1 zeigt auf, an welcher Stelle die bereits beschriebenen Aspekte – z. B. die Risikobewertung – innerhalb des BSI-Grundschutzes zu finden wären und welche Vorteile die Nutzung dieser Bestandteile hätte. Es ist an dieser Stelle sinnvoll, der noch folgenden detaillierten Beschreibung des BSI-Standards 100-3 vorzugreifen und die Vorteile bereits hier aufzuzeigen. In der klassischen Risikobewertung kann der Diebstahl eines Notebooks dasselbe finanzielle Risiko zur Folge haben wie der Absturz eines Flugzeugs auf ein Rechenzentrum. Dieser Umstand ist den unterschiedlichen Eintrittswahrscheinlichkeiten geschuldet. Um dies zu verhindern, empfiehlt der BSI die Klassifizierung von Risiken in Normaler Schutzbedarf, ‚Hoher Schutzbedarf' und ‚Sehr hoher Schutzbedarf'. Auf diese Art und Weise ist es möglich, die Schadenshöhe ins Verhältnis zur Unternehmensgröße zu setzen. So kann es sein, dass Schäden von 100.000 € für ein Unternehmen tolerabel sind und ein normaler Schutzbedarf besteht, während für ein kleineres Unternehmen ein sehr hoher Schutzbedarf besteht, weil dieser Schaden existenzbedrohend ist.[84] Zusammengefasst bietet der BSI-Standard 100-1 eine genaue Beschreibung, wie eine ISMS eingeführt werden kann. Damit einhergehend beschreibt der BSI-Standard 100-1, wie der Sicherheitsprozess im Informationsmanagement stattfinden kann und verweist für die konkrete Umsetzung einzelner Maßnahmen auf die IT-Grundschutz-Kataloge. Es unterstreicht das Gesamtkonzept des BSI, wonach der IT-Grundschutz mit seinen verschiedensten Veröffentlichungen letztendlich ein in sich verknüpftes Gesamtwerk darstellt.

Zum Gesamtwerk des IT-Grundschutzes gehört auch der BSI-Standard 100-2, der nicht nur numerisch, sondern auch inhaltlich eine Fortsetzung bzw. Detaillierung des

---

[84] Vgl. Bundesamt für Sicherheit in der Informationstechnik (2008, S. 27–37)

BSI-Standards 100-1 ist. Während der BSI-Standard 100-1 das organisatorische Rahmenwerk vorgibt und dem Leser einen allgemeinen Überblick über den Sicherheitsprozess verschafft, werden im BSI-Standard 100-2 die einzelnen Schritte von der Initiierung des Sicherheitsprozesses über die Erstellung und Umsetzung der Sicherheitskonzeption bis hin zur kontinuierlichen Überwachung und Verbesserung ausführlich beschrieben. Auf Basis der Gliederung, wie sie in Abbildung 9 aufbereitet ist, werden im folgenden Schritt die verschiedenen Teilaspekte in Reihenfolge der Gliederung erörtert.

Die Verantwortung und Vorbildfunktion der Leitungsebene ist im BSI-Standard 100-1 ebenso Thema wie im BSI-Standard 100-2. Da diese Aspekte bei der Beschreibung des BSI-Standards 100-1 bereits hinreichend dargestellt wurden, werden sie an dieser Stelle nicht erneut thematisiert. Gleiches gilt für die anderen Teilaspekte der Initiierung des Sicherheitsprozesses, mit Ausnahme der Organisation des Sicherheitsprozesses, auf die nun näher eingegangen wird. Die Praxis zeigt, dass der größte Anstieg des Sicherheitsniveaus durch organisatorische und nicht durch technische Maßnahmen realisiert wird.

Umso wichtiger ist es, dass die Informationssicherheitsorganisation mit genügend Ressourcen ausgestattet ist und ihr die notwendige Autorität übertragen wird. Um die Autorität und damit die Durchsetzungsmöglichkeit zu gewährleisten, sollte die Informationssicherheitsorganisation oder kurz IS-Organisation als Stabsstelle der Konzern-, Institutions-, oder Geschäftsleitung etabliert werden. Es obliegt dann dieser Organisation, innerhalb der einzelnen Geschäftsprozesse für die Wichtigkeit der Informationssicherheit zu sensibilisieren. Im Fall eines Projekts beispielsweise muss es für die Projektleitung einen Ansprechpartner für die Informationssicherheit geben. Die IS-Organisation muss so aufgestellt sein, dass sie sowohl von der Kapazität als auch vom Wissen die Geschäftsprozesse aus Sicht der Informationssicherheit bewerten und unterstützen kann. Dafür werden die Rollen IT-Sicherheitsbeauftragter, IS-Management-Team, Projekt- und Bereichs-IT-Sicherheitsbeauftragter, IT-Koordinierungsausschuss und Datenschutzbeauftragter benötigt.

1.2 IT-Risiken – eine Kategorie für sich

Initiierung des Sicherheitsprozesses

| Übernahme von Verantwortung durch die Leitungsebene | Konzeption und Planung des Sicherheitsprozesses | Erstellung einer Leitlinie zur Informationssicherheit | Organisation des Sicherheitsprozesses | Bereitstellung von Ressourcen für die Informationssicherheit | Einbindung aller Mitarbeiter in den Sicherheitsprozess |

⇩

Erstellung einer Sicherheitskonzeption nach IT-Grundschutz

| Definition des Geltungsbereichs | Strukturanalyse | Schutzbedarfsfeststellung | Auswahl und Anpassung von Maßnahmen | Basis-Sicherheitscheck | Ergänzende Sicherheitsanalyse |

⇩

Umsetzung der Sicherheitskonzeption

| Sichtung der Untersuchungsergebnisse | Konsolidierung der Maßnahmen | Kosten- und Aufwandsschätzung | Festlegung der Umsetzungsreihenfolge der Maßnahmen | Festlegung der Aufgaben und der Verantwortung | Realisierungsbegleitende Maßnahmen |

⇩

Aufrechterhaltung und kontinuierliche Verbesserung der Informationssicherheit

| Überprüfung des Informationssicherheitsprozesses in allen Ebenen | Informationsfluss im Informationssicherheitsprozess |

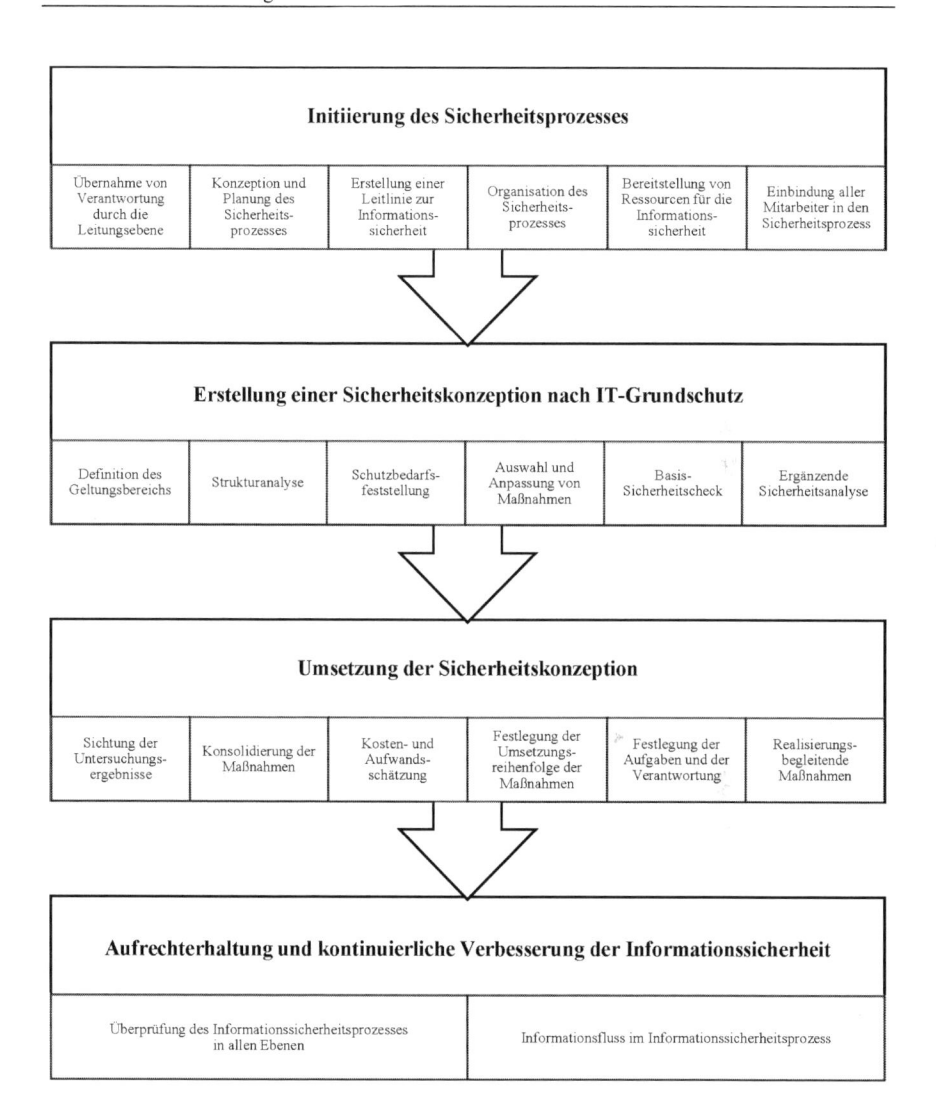

Abbildung 9: Gliederung des BSI-Standards 100-2[85]

---

[85] Eigene Darstellung; vgl. Bundesamt für Sicherheit in der Informationstechnik (2008, S. 3–4)

Welche Zuständigkeiten diese haben und welche Anforderungen an die Personen gestellt werden, die die Rollen besetzen sollen, ist in der Tabelle 7 zusammengefasst.

Tabelle 7: Rollenübersicht der IS-Organisation[86]

Rolle	Zuständigkeiten und Aufgaben	Anforderungsprofil
IT-Sicherheitsbeauftragter	Für alle Belange der Informationssicherheit innerhalb des Unternehmens	Team- und Kooperationsfähigkeit, Durchsetzungsvermögen
IS-Management-Team	Informationssicherheitsziele und -strategie bestimmen und Umsetzung sicherstellen	Technische Kenntnisse, Erfahrung im Verwaltungsbereich
Projekt- und Bereichs-IT-Sicherheitsbeauftragter	Umsetzung der Vorgaben des IT-Sicherheitsbeauftragten	Detaillierte IT-Kenntnisse, Kenntnisse im Projektmanagement
IT-Koordinierungsausschuss	Koordination zwischen allen Rollen und der Unternehmensleitung	Vermittlungsgeschick
Datenschutzbeauftragter	Überwachung der Einhaltung von Datenschutzvorschriften	Kenntnisse in Technik und der gesetzlichen Anforderungen

Für den Erfolg einer IS-Organisation ist es wichtig, dass den Beteiligten der Unterschied zwischen Personen und Rollen klar ist. Es kann in kleineren Betrieben passieren, dass die Rolle des IT-Sicherheitsbeauftragten und des Datenschutzbeauftragten durch dieselbe Person besetzt wird. Das kann gut funktionieren, solange es klare Schnittstellen gibt und der Person genügend Zeit zur Verfügung steht, um beide Rollen auszuführen. Während die zuletzt genannten Rollen eine hohe Unabhängigkeit benötigen und somit auch ständig das Recht haben müssen, bei der Unternehmensleitung vorsprechen zu können, ist es für das IS-Management-Team und den IT-Koordinierungsausschuss wichtig, dass dort die Abhängigkeiten zu anderen Bereichen aufgezeigt werden. Mit Abhängigkeiten sind insbesondere die Interessen der IT-Anwender gemeint, deren Beachtung zweifelsohne zu einer höheren Akzeptanz der umzusetzenden Maßnahmen führt. Um die organisationsweite

---

[86] Eigene Darstellung; vgl. Bundesamt für Sicherheit in der Informationstechnik (2008, S. 26–31)

Präsenz sicherzustellen, muss das Informationssicherheitsmanagement in alle Unternehmensabläufe und Prozesse integriert werden. Neben den inhaltlichen Anforderungen, wie sie in Tabelle 7 aufgezählt sind, sollte bei der Besetzung der Rollen auch darauf geachtet werden, welche zeitlichen Kapazitäten die Aufgaben erfordern. Für viele Rollen ist eine hauptamtliche Stelle notwendig.[87]

Der Aufwand zur Festigung der Informationssicherheit beruht allerdings nicht nur auf den notwendigen Personalkapazitäten, die für die Ausführung der Rollen und der damit verbundenen Aufgaben notwendig sind, sondern resultiert auch aus den notwendigen technischen Investitionen. Für eine erfolgreiche Informationssicherheit ist es wichtig, dass sie sowohl technisch als auch organisatorisch sichergestellt wird. Das bedeutet, dass es Ressourcen für die Planung und Konzeption bedarf, zugleich aber auch ausreichend Ressourcen für den Betrieb und letztendlich auch zur Überprüfung. Zur Abdeckung des Ressourcenbedarfs kann ein Zugriff auf externe Ressourcen sinnvoll sein, im Speziellen, wenn nur kurzfristig Experten benötigt werden.[88] Bereits in der Planungsphase, also der Initiierung des Sicherheitsprozesses, sollten möglichst alle Mitarbeiter eingebunden werden. Dies kann sowohl direkt als auch indirekt über den Personal- und Betriebsrat erfolgen. Ergebnisse der Planung müssen konkrete Regelungen sein. Zu regeln ist beispielsweise, wie das Ausscheiden eines Mitarbeiters aus dem Unternehmen mit den IT-Sicherheitsmaßnahmen, u. a. der Stilllegung der IT-Zugänge, verknüpft wird. Die Regelungen müssen für alle Mitarbeiter transparent sein. Sie müssen durch dazugehörige Schulung für diese sensibilisiert werden. Dazu gehört auch, dass die Ansprechpartner bekannt sind, die bei einem Sicherheitsvorfall zu informieren sind.[89] Im Bereich der Konzeption bzw. der Erstellung eines Sicherheitskonzepts werden zur Analyse von potenziellen Gefahren dieselben Methoden wie beim BSI-Standard 100-1 genutzt. Dies bedeutet, dass zuerst der Schutzbedarf der Geschäftsprozesse ermittelt wird. Bewährte Kategorien sind ‚Normal', ‚Hoch' oder ‚Sehr hoch'. Die Kriterien für die unterschiedlichen Kategorien sollten individuell

---

[87] Vgl. Bundesamt für Sicherheit in der Informationstechnik (2008, S. 29–31)
[88] Vgl. Bundesamt für Sicherheit in der Informationstechnik (2008, S. 33)
[89] Vgl. Bundesamt für Sicherheit in der Informationstechnik (2008, S. 35)

festgelegt werden – aber auch hierfür gibt der BSI-Standard 100-2 eine Orientierung. Zwei Beispiele seien an dieser Stelle genannt: Beispiel 1: der Verstoß gegen Gesetze, Beispiel 2: die finanziellen Auswirkungen. Ein tolerabler finanzieller Schaden kann ein Kriterium für die Kategorie ‚Normal' sein. Entscheidend für die Auswahl der Kategorie ist aber vor allen Dingen, welcher Schaden eintreten kann, wenn die Vertraulichkeit die Integrität und die Verfügbarkeit der Daten nicht gewährleistet ist. Im Anschluss der Bewertung der Geschäftsprozesse sollte der Schutzbedarf für die Anwendungen und IT-Systeme festgestellt werden. Hilfreich ist die Bildung von Gruppen, z. B. IT-Systeme, die den physikalischen gleichen Bedingungen unterliegen, zu einer Gruppe zusammenzufassen und dann zu bewerten. Bei der Bewertung des Schutzbedarfs sollten immer die Abhängigkeiten zwischen Geschäftsprozess, Anwendung und IT-System beachtet werden. Kommt der Geschäftsprozess mit sehr hohem Schutzbedarf zum Erliegen, sobald ein IT-System ausfällt, hat das IT-System ebenfalls einen sehr hohen Schutzbedarf, auch wenn es gleichzeitig Basis für Anwendungen bzw. Geschäftsprozesse mit normalem Schutzbedarf ist. Das bezeichnet man als Maximumprinzip. Wenn eine Vielzahl von Anwendungen mit normalem Schutzbedarf dasselbe darunterliegende IT-System nutzen, sollte in Erwägung gezogen werden, den Gesamtschaden zu bewerten und unter Beachtung des sogenannten Kumulationseffekts einen hohen Schutzbedarf für das IT-System festzustellen. Der gegengesetzte Effekt ist der Verteilungseffekt. In diesem Fall kann für ein IT-System ein normaler Schutzbedarf angenommen werden, wenn beispielsweise nur ein unkritischer Bereich einer kritischen Anwendung auf dem System läuft. Die Ergebnisse können tabellarisch festgehalten werden. Auch das Netzwerk eines Unternehmens oder die Rechenzentrumsräume kann man auf diese Weise bewerten. Objekte mit erhöhtem Schutzbedarf sollten zusätzlich einer detaillierten Analyse unterzogen werden, wie beispielsweise der Risikoanalyse des BSI-Standards 100-3. Es ist nach Auffassung des BSI ebenfalls hilfreich, auch Objekte mit sehr hohem Schutzbedarf zu einer Sicherheitszone zusammenzufassen.[90] Denkbar ist dies z. B. für Anwendungen,

---

[90] Vgl. Bundesamt für Sicherheit in der Informationstechnik (2008, S. 40–60)

1.2 IT-Risiken – eine Kategorie für sich

IT-Systeme und Netzwerke, die hauptsächlich sensible Forschungsdaten verarbeiten. Damit dem Schutzbedarf Sorge getragen werden kann, müssen aus den Gefahren dazugehörige Maßnahmen abgeleitet werden. Eine Vielzahl an Maßnahmen ist in den IT-Grundschutz-Katalogen definiert. Diese Maßnahmen beruhen allerdings auf den Annahmen, dass eine Struktur analog der IT-Grundschutz-Bausteine-Kataloge, wie zu Beginn dieses Kapitels beschrieben, vorliegt. Im Umkehrschluss müssen demnach die betrachteten Objekte den Bausteinen zugeordnet werden. Den ersten Orientierungspunkt geben die Schichten der Bausteine-Kataloge.[91] Ist das erfolgt, kann mit gezielten Interviews analysiert werden, ob für die einzelnen Bausteine die Maßnahmen, die zur Gefahrenabwehr dienen, ergriffen wurden. Die Ergebnisse dieses Soll-Ist-Vergleichs sollten ebenfalls dokumentiert werden.[92] Der Soll-Ist-Vergleich kann aufzeigen, welche Maßnahmen aus dem IT-Grundschutz noch nicht umgesetzt worden sind und welche zusätzlichen Maßnahmen aus weiteren Risikoanalysen abgeleitet wurden. Alle Maßnahmen sollten anschließend auf Redundanz geprüft und eine Maßnahmenliste festgelegt werden. Bevor die Umsetzung der Maßnahmen erfolgt, sollte eine Kosten- und Aufwandschätzung durchgeführt werden. Eine Kernfrage, die bei fehlendem Budget gestellt werden muss, ist, welches Restrisiko verbleibt, wenn keine Maßnahme ergriffen wird, und wer dieses trägt. Für die Maßnahmen, die umgesetzt werden, muss ebenso eine Reihenfolge, wie die Verantwortlichen, festgelegt werden. Unabdingbar ist, dass die geplanten Maßnahmen durch zusätzliche Maßnahmen, wie die Sensibilisierung von Mitarbeitern, begleitet werden, um einen dauerhaften Erfolg der geplanten Maßnahmen zu realisieren.[93] Basierend auf dem zuvor beschriebenen Modell des PDCA-Zyklus ist es für die kontinuierliche Verbesserung des Informationssicherheitsprozesses unausweichlich, eine regelmäßige Überprüfung durchzuführen. Die Überprüfung muss auf allen Ebenen erfolgen und die Durchdringungstiefe der einzelnen Maßnahmen untersuchen. Gerade für die organisato-

---

[91] Vgl. Tabelle 5 auf Seite 56
[92] Vgl. Bundesamt für Sicherheit in der Informationstechnik (2008, S. 68, 74–75)
[93] Vgl. Bundesamt für Sicherheit in der Informationstechnik (2008, S. 76–81)

rischen Maßnahmen ist die Akzeptanz aufseiten der Mitarbeiter ein wichtiges Indiz dafür, ob eine Maßnahme Erfolg haben kann. Als Konsequenz müssen Maßnahmen definiert werden, die zu einer weiteren Verbesserung des Informationssicherheitsprozesses beitragen.[94] Um alle Bemühungen, die auf Basis des BSI-Standards 100-2 beruhen, auch nach außen transparent zu machen, kann eine Zertifizierung nach ISO 27001 der richtige Weg sein.[95] Der ISO-27001-Standard wird an anderer Stelle genauer erläutert.

Der BSI-Standard 100-3 widmet sich der schon mehrfach erwähnten Risikoanalyse auf Basis des IT-Grundschutzes. Basis hierfür ist, dass zuvor gemäß BSI-Standard 100-2 der Schutzbedarf der einzelnen Objektklassen festgelegt wurde. Üblicherweise erfolgt die genauere Risikoanalyse, wie sie im Folgenden beschrieben wird, in den Fällen, in denen ein erhöhter Schutzbedarf vorherrscht. Das liegt daran, dass bei erhöhtem Schutzbedarf auch spezielle Gefährdungen – z. B. produktspezifische Sicherheitslücken – betrachtet werden sollten. Diesen Umfang können die IT-Grundschutz-Kataloge nicht abbilden. Auch für den Fall, dass Gefährdungen nicht identifiziert werden konnten, da es für das Zielobjekt keinen entsprechenden Baustein in den IT-Grundschutz-Katalogen gibt, ist eine individuelle Risikoanalyse notwendig. Eine mögliche Methode kann es sein, eine gemeinsame Ideenfindung in einer Gruppe aus Anwendern, Verantwortlichen und Experten durchzuführen, um möglichst viele Blickwinkel auf die Gefährdung zu haben. Die bekannten Rollen aus der IT-Sicherheitsorganisation inklusive des Anwenderkreises sollten sich in dieser Gruppe widerspiegeln. Greift man den Baustein B 4.1 Heterogene Netze auf und geht davon aus, dass die Gruppe, die das Brainstorming durchführt, aus dem produzierenden Gewerbe stammt, könnte beispielsweise die in Tabelle 8 dargestellte Gefährdung identifiziert werden.[96]

---

[94] Vgl. Bundesamt für Sicherheit in der Informationstechnik (2008, S. 84)
[95] Vgl. Bundesamt für Sicherheit in der Informationstechnik (2008, S. 88)
[96] Vgl. Bundesamt für Sicherheit in der Informationstechnik (2008, S. 7–13)

1.2 IT-Risiken – eine Kategorie für sich

Tabelle 8: Zusätzliche Gefährdungen[97]

Switch im Produktionsbereich	
Verfügbarkeit:	hoch
Vertraulichkeit:	normal
Integrität:	normal
Gefährdung:	Beschädigung der Hardware
Der Switch wird im Fertigungsbereich eingesetzt und ist somit besonderen Gefahren ausgesetzt. Dies kann zu einer verkürzten Lebensdauer des Gerätes führen.	

Als nächster Schritt findet analog zum BSI-Standard 100-2 ein Soll-Ist-Vergleich statt, bei dem geprüft wird, ob Schutzmaßnahmen aus den IT-Grundschutz-Katalogen bereits umgesetzt oder eingeplant wurden. Als Messkriterien sollten die Vollständigkeit, die Mechanismenstärke und die Zuverlässigkeit gelten. Die Frage, ob alle Aspekte der Gefährdung beachtet wurden, fällt unter das Kriterium Vollständigkeit. Unter Mechanismenstärke ist zu verstehen, inwieweit der Gefährdung stark genug entgegengetreten wird. Zuverlässigkeit bewertet, wie einfach der Sicherheitsmechanismus umgangen werden kann. In der Summe können die Kriterien zu einem ‚OK' (= bietet ausreichenden Schutz) oder ‚Nicht-OK' (= bietet keinen ausreichenden Schutz) führen. Dem letzteren Fall kann mit den vier Möglichkeiten der ‚Risikoreduktion', ‚-vermeidung', ‚-übernahme' oder ‚-transfer' begegnet werden. Eine Reduktion des Risikos kann durch zusätzliche Sicherheitsmaßnahmen herbeigeführt werden, z. B. durch die Inanspruchnahme der Herstellerunterstützung o. Ä. Eine Umstrukturierung des Geschäftsprozesses kann dazu führen, dass das Risiko nicht mehr auftritt. Es ist somit eine Maßnahme zur Risikovermeidung. Bei Risiken, für die es aktuell keine Gegenmaßnahme gibt, kann nur eine Risikoübernahme durchgeführt werden. Dabei sollte aber beachtet werden, dass das Risiko genau definiert wird und in welchen Fällen es auftreten kann. In vielen Fällen ist es möglich, das Risiko, statt es zu übernehmen, zu transferieren, indem man beispielsweise eine Versicherung abschließt, die bei Risikoeintritt haftet. Es sollte bei der Identifizierung der Risiken zusätzlich ein Blick darauf geworfen werden, wie sich das Risiko in

---

[97] Vgl. Bundesamt für Sicherheit in der Informationstechnik (2008, S. 14)

Zukunft entwickeln wird. So können sich temporär akzeptable Risiken zu einem inakzeptablen Risiko steigern. Die Maßnahmen betreffend sollte auch die Zeitdimension Beachtung finden. Für den Beispielfall des Switches mit physikalischem Standort im Fertigungsbereich sollte eine Maßnahme sein, dass bei zukünftigen Beschaffungen die Geräte den Anforderungen gerecht werden, z. B. indem sie in 19-Zoll-Schränken mit Luftfiltern verbaut werden können.[98] Die zusätzlich ergriffenen Sicherheitsmaßnahmen müssen in das bereits bestehende oder auch geplante Sicherheitskonzept integriert werden. Die Kriterien sind dieselben wie bei der Erstellung des Sicherheitskonzepts auf Basis des BSI-Standards 100-2. Priorität sollte immer die Umsetzbarkeit des Sicherheitskonzepts haben. So sollten ähnliche Sicherheitsmaßnahmen konsolidiert und dafür Sorge getragen werden, dass diese benutzerfreundlich und angemessen gestaltet sind. Das maximiert die Chancen auf eine erfolgreiche Umsetzung. Das neue Sicherheitskonzept bildet im Sinne des PDCA-Zyklus schließlich die neue Ausgangsbasis für alle weiteren Aktivitäten.[99]

Der vierte BSI-Standard 100-4 behandelt das Themenfeld des Notfallmanagements. Das Notfallmanagement hat zum Ziel, dass auch in kritischen Situationen die wichtigen Geschäftsprozesse zur Verfügung stehen bzw. die Unterbrechung so gering wie möglich ist. Als Synonyme für Notfallmanagement sind daher auch betriebliches Kontinuitätsmanagement oder Business Continuity Management anzusehen. Das externe Notfallmanagement zur Wahrung des Bevölkerungs- und Zivilschutzes ist Aufgabe des Bundes und somit nicht Teil des BSI-Standards 100-4. Das Notfallmanagement wird im Kontext der vorliegenden Arbeit nicht ausführlich betrachtet, sondern lediglich die Bewertungsmethoden, die hier zum Einsatz kommen. Es ist dennoch wichtig, zu definieren, was unter einem Notfall zu verstehen ist. Im Gegensatz zu einer Störung, bei der die nicht ordnungsgemäße Funktion eines Systems nur zu einem geringen Schaden führt, sieht man eine Schadensentstehung in inakzeptablem Maße als Notfall an. Ein zweites Differenzierungsmerkmal ist die Wiederherstellungszeit. Während die Störung innerhalb der vereinbarten SLA behoben wird, kann sie im Notfall nicht eingehalten werden. Das Andauern eines Notfalls kann zur

---

[98] Vgl. Bundesamt für Sicherheit in der Informationstechnik (2008, S. 17–20)
[99] Vgl. Bundesamt für Sicherheit in der Informationstechnik (2008, S. 20–23)

1.2 IT-Risiken – eine Kategorie für sich

Krise führen, wenn beispielsweise durch den Ausfall von Geschäftsprozessen die Existenz des Unternehmens oder gar Personen gefährdet sind. Solche meist einmaligen Situationen sind innerhalb der normalen organisatorischen Rahmenbedingungen nicht zu handhaben und sollten durch einen definierten Krisenstab bewältigt werden. Sollte die Situation sich großflächig auswirken – wie im Fall eines massiven Unwetters oder Wirbelsturms –, kann von einer ‚Katastrophe' gesprochen werden. Unternehmensintern muss weiterhin der Krisenstab aktiv bleiben, und das unter Berücksichtigung der externen Maßnahmen, die z. B. durch den Katastrophenschutz ergriffen werden.[100] In Bezug auf das Thema der Arbeit wird nun die Risikobewertung – so, wie sie für das Notfallmanagement durchgeführt wird – näher analysiert. Die Parallelen zur Vorgehensweise des BSI-Standards 100-2 sind klar ersichtlich. Der erste Schritt bei beiden Standards ist eine Bewertung der Geschäftsprozesse in Hinblick auf ihre Kritikalität. Meist besteht hier eine unmittelbare Verknüpfung zur Produkterzeugung oder Erbringung der Dienstleistung. Bei der Abschätzung der Folgeschäden oder fachlich korrekt Business Impact Analyse (BIA) ergibt sich die Kritikalität durch den Zeitraum, in der eine Wiederaufnahme durchgeführt werden muss, damit dem Unternehmen keine hohen Schäden entstehen. Grundlegend ist ein Überblick über alle relevanten Geschäftsprozesse. Anschließend wird dieser um die Geschäftsprozesse und Organisationseinheiten reduziert, die nicht zur Wertschöpfung und unmittelbaren Erreichung der Geschäftsziele beitragen. Die folgende Schadensanalyse zielt im Besonderen auf den zeitlichen Verlauf ab. In der Lebensmittelindustrie kann beispielsweise eine längere Störung dazu führen, dass komplette Chargen unbrauchbar sind, während ein kürzerer Ausfall unter Umständen tolerierbar gewesen wäre. Exakt die Zeit, die tolerierbar ist, wird als sogenannte Wiederanlaufzeit definiert, wobei Abhängigkeiten zu anderen Prozessen berücksichtig werden müssen. Nach Ermittlung dieser Daten kann eine Reihenfolge in Bezug auf die Kritikalität festgelegt werden. Abschließend müssen noch die Ressourcen, die für die ‚Kritischen Geschäftsprozesse' benötigt werden, identifiziert und ebenfalls auf ihre

---

[100] Vgl. Bundesamt für Sicherheit in der Informationstechnik (2008, S. 1–5)

Kritikalität hin eingestuft werden. Wie dieser Arbeitsschritt und alle weiteren Arbeitsschritte in der Praxis umgesetzt werden und welche Darstellungsformen dabei effizient sind, wird im Folgenden erläutert. Die Auswahl der Kritischen Geschäftsprozesse betreffend, ist es sinnvoll – sofern der BSI-Standard 100-2 ebenfalls umgesetzt wird –, an dieser Stelle Synergien zu erzeugen und an die vorhandene Dokumentation anzuknüpfen. Gleiches gilt bei der Festlegung der Schadenskategorien. Hier kann auf die Schutzbedarfskategorien aus dem BSI-Grundschutz zurückgegriffen und diese um die Kategorie ‚Niedrig' ergänzt werden. Welche Aspekte man berücksichtigen sollte, kann der Tabelle 9 entnommen werden. Eine Erweiterung um weitere Kategorien sollte unternehmensindividuell in Erwägung gezogen werden.

Tabelle 9: Schadenskategorien und Schadensszenarien[101]

Schadenskategorie	Niedrig, Normal, Hoch, Sehr hoch
Finanzielle Auswirkungen	In welcher Höhe sind Verluste zu erwarten?
Beeinträchtigung der Aufgabenerfüllung	Welche Organisationseinheiten sind betroffen, und welche Aufgaben können nicht mehr erfüllt werden?
Verstoß gegen Gesetze etc.	Wird gegen Gesetze verstoßen, und was sind die Konsequenzen?
Negative Innen- und Außenwirkung	Sind externe Partner oder ggf. Kunden betroffen? Welcher Imageschaden entsteht?

Die Bewertung bezüglich der verschiedenen Zeitspannen sollte ebenfalls tabellarisch festgelegt werden. Die Zeitperioden sollten Stunden, Tage, Wochen und Monate abdecken und die Skalierung dabei exponentiell größer werden. Zusätzlich sollten besonders kritische Zeiträume erfasst werden, wie beispielsweise für Wasserwerke die Pause bei einem Fußballspiel. Kombiniert man die Zeitspannen und die Schadenskategorie (1 = niedrig, 2 = mittel etc.) für verschiedene Prozesse respektive Geschäftsprozesse, erhält man einen aussagekräftigen Gesamtüberblick, wie er in Tabelle 10 dargestellt ist.

---

[101] Eigene Darstellung; vgl. Bundesamt für Sicherheit in der Informationstechnik (2008, S. 35)

1.2 IT-Risiken – eine Kategorie für sich 73

Tabelle 10: Gesamtüberblick exemplarische Schadensbewertung[102]

Prozess	Wiederanlauf	Wiederherstellung	Max. tol. Ausfall	24 Stunden	48 Stunden	168 Stunden	720 Stunden	Gewicht	Schadensszenario
Prozess 1				1	1	1	2	5	Finanzielle Auswirkungen
				1	2	3	3	3	Beeintr. der Aufgabenerfüllung
				1	2	3	4	1	Imageschaden
				9	13	17	23		Gewichtet $\sum$
Prozess 2									Finanzielle Auswirkungen
							......		

Für die Erhebung der Daten können sowohl Workshops als auch Interviews herangezogen werden. Dort kann eine verbale Bewertung erfolgen, wie z. B.: „Bei Ausfall von Prozess 1 ist nach einer Woche ein hoher Imageschaden zu erwarten." In diesem Zusammenhang sollten auch die maximal tolerierbaren Ausfallzeiten und die Wiederanlaufzeiten festgelegt werden. Die Wiederanlaufzeit ist die Zeitspanne von Notfallmeldung bis zum Abschluss des Wiederanlaufs. In den meisten Fällen wird zunächst ein Ereignis gemeldet werden, das dann kategorisiert werden wird und schließlich durch eine Eskalation die Maßnahme des Wiederanlaufs ergriffen wird.

Es ist zu erwarten, dass auf die durchgeführte Wiederherstellung eine Notbetriebszeit folgt. Die Summe aus Wiederanlaufzeit und der Zeit des Notbetriebs ist die Wiederherstellungszeit. Im Umkehrschluss muss die Wiederherstellungszeit kleiner oder gleich der maximal tolerierbaren Ausfallzeit sein. Üblicherweise verringert ein Notbetrieb bereits die Schieflage. Allerdings kann die Rückführung in

---

[102] Vgl. Bundesamt für Sicherheit in der Informationstechnik (2008, S. 40)

den Normalbetrieb und eventuelle Nacharbeiten zusätzliche Kapazitäten in Anspruch nehmen und sollte ebenfalls beachtet werden.

Sukzessiv sollte jeder der ausgewählten Geschäftsprozesse betrachtet werden. Notwendig ist aber auch die Betrachtung der kompletten Prozessketten bzw. der Abhängigkeiten zwischen den Prozessen. Es kann dazu führen, dass die ermittelten Wiederanlaufzeiten revidiert bzw. angepasst werden. Besteht zwischen zwei Prozessen eine absolute Abhängigkeit, muss die Wiederanlaufzeit identisch sein. Sollte die Wiederanlaufzeit bei Prozess 1 24 Stunden betragen und bei Prozess 2 48 Stunden, Prozess 1 aber ohne den Input von Prozess 2 nicht durchgeführt werden können, muss die Wiederanlaufzeit für beide 24 Stunden betragen. Die Abhängigkeit muss detailliert beleuchtet werden, da eine pauschale Anpassung der Wiederanlaufzeiten aller Prozesse auf die niedrigste Wiederanlaufzeit nicht zielführend ist.

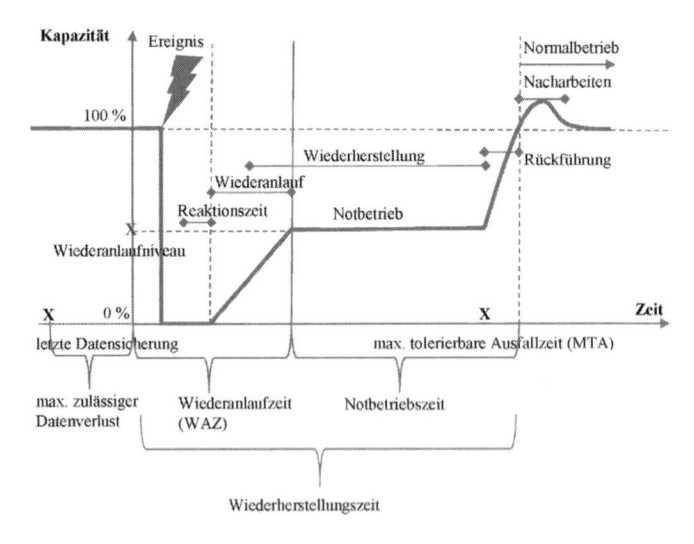

Abbildung 10: Wiederanlaufparameter[103]

---

[103] Bundesamt für Sicherheit in der Informationstechnik (2008, S. 41)

1.2 IT-Risiken – eine Kategorie für sich

Die Umsetzbarkeit ist in einem solchen Fall allein aus Kapazitätsgründen bzw. durch die Abhängigkeit von gemeinsamen Ressourcen im Notfall sehr fragwürdig. Weitere Priorisierungsparameter sind die Geschäftsziele. Die Führungsebene muss im Top-Down-Ansatz auf Basis der strategischen Geschäftsziele festlegen, welche Geschäftsprozesse hierfür von besonderer Relevanz sind. Letztendlich besteht die Herausforderung darin, die verschiedenen Bewertungen zu einer Übersicht zusammenzuführen und zu priorisieren. Die Bildung von Wiederanlaufklassen ist hierfür ein adäquates Mittel, um eine Gegenüberstellung von Kritikalitätskategorien und Wiederanlaufzeiten erstellen zu können. Ein beispielhaftes Ergebnis kann sein, dass ein hoch kritischer Geschäftsprozess eine Wiederanlaufzeit von ≤ 4 Stunden hat. Wie zuvor angemerkt, ist die Durchführung eines Wiederanlaufes grundsätzlich mit dem Einsatz von Ressourcen verbunden, welche daher ebenfalls erhoben werden müssen. Hierzu zählen neben Personal auch Informationen, Informationstechnologie, Spezialgeräte, Dienstleistungen, Infrastruktur und Betriebsmittel. Bezüglich der Ressource Information muss für kritische Daten festgelegt werden, wie alt diese Daten im Fall einer Wiederherstellung maximal sein dürfen.[104] Die Abhängigkeit zwischen Geschäftsprozess und z. B. der Ressource ‚Informationstechnologie' kann durch einen Nutzungsgrad, der tabellarisch aufgeführt wird, dargestellt werden. Die Ressource kann hierbei in sinnvolle Untergruppen gegliedert werden, sodass die Abhängigkeit zwischen Geschäftsprozess und z. B. der Netzwerkanbindung explizit wird. Die Wiederanlaufzeit der Ressourcen werden nach den Prinzipien Maximumprinzip, Kumulationseffekt und Verteilungseffekt analog der Schutzbedarfsvererbung nach BSI-Standard 100-2 festgelegt. Gerade bei den Ressourcen ‚Information' und Informationstechnologie muss die Reihenfolge beachtet werden. Die Daten können nur dann wiederhergestellt werden, wenn die dafür benötigte Datenbank wieder funktioniert, die wiederum auf einem funktionsfähigen Server laufen muss etc. All diese Aktivitäten dürfen in Summe genauso lange dauern, wie es die festgelegte Prozess-Wiederanlaufzeit maximal zulässt. Die ermittelten Ressourcenaufstellungen sollten von den betroffenen Anwendern bzw. Geschäftsprozessverantwortlichen auf ihre

---

[104] Vgl. Abbildung 10 auf Seite 74

Richtigkeit untersucht werden, um zu gewährleisten, dass nur die Ressourcen als kritisch eingestuft werden, die für den Geschäftsprozess im Alltag tatsächlich benötigt werden. Alle gewonnenen Ergebnisse sind im BIA-Bericht gesammelt festzuhalten.[105] Der Bericht bezieht sich ausschließlich auf die Schäden, die durch einen potenziellen Ausfall der Geschäftsprozesse zu erwarten sind. Die Frage nach dem dahinterstehenden Risiko kann erst durch eine Risikoanalyse beantwortet werden. Der bereits an anderer Stelle definierte Begriff des Risikos lässt sich um spezifische, im BSI-Standard 100-4 genannte Merkmale ergänzen. Er teilt die Risiken in die Kategorien ‚Extern/Intern', ‚Direkt wirkend/Indirekt wirkend' und ‚Durch die Institution beeinflussbar/nicht beeinflussbar' ein. Eine systematische Aufnahme der Risiken ist unumgänglich und kann mit unterschiedlichen Methoden durchgeführt werden. Zur Sammlung offensichtlicher Risiken eignen sich Interviews, Checklisten und SWOT[106]-Analysen besonders gut. Für die Identifikation von tieferliegenden Risiken empfiehlt es sich, statt der Kollektivmethoden Suchmethoden wie z. B. die Fehlermöglichkeits- und Einflussanalyse (FMEA) einzusetzen. Als Ausgangspunkt können die bekannten Gefährdungskataloge des IT-Grundschutzes genutzt werden. Da für die meisten Ereignisse keine genau definierten Eintrittswahrscheinlichkeiten vorliegen, sollte auch in diesem Fall die bekannte vierteilige Einstufung von Niedrig bis Sehr hoch stattfinden. Kombiniert man die Einstufung der Eintrittswahrscheinlichkeit mit der Einstufung der Auswirkung nach gleichem Schema, so erhält man eine genaue Risikobewertung. Dementsprechend sollte ein sehr wahrscheinliches Risiko, dessen Auswirkungen sehr hoch sind, auch eine sehr hohe Risikobewertung bekommen. Da bei intensiver Analyse unzählige Risiken offenbar werden, ist es sinnvoll, nicht die Notfallpläne für einzelne Risiken zu entwerfen, sondern für eine gebündelte Anzahl Risiken in Form eines Szenarios. Der Ausfall eines Rechenzentrums kann ein solches Szenario sein. Um den damit einhergehenden Risiken zu begegnen, können die verschiedenen Risikostrategien der Übernahme, des Transfers, der Vermeidung und Reduktion aus dem BSI-Standard 100-3 – wie zuvor beschrieben – ergriffen werden. Die Risikostrategie, das Ergebnis der Risikobewertung und

---

[105] Vgl. Bundesamt für Sicherheit in der Informationstechnik (2008, S. 28–47)
[106] Strengths, Weaknesses, Opportunities and Threats

1.2 IT-Risiken – eine Kategorie für sich

eine Angabe über die verwendete Methode sollten zusammengefasst die Struktur des Risikoanalyse-Berichts ausmachen. Bevor die Kontinuitätsstrategie entwickelt werden kann, muss auf Basis des BAI-Berichts ermittelt werden, für welche kritischen Prozesse bereits Notfallvorsorgemaßnahmen getroffen wurden. Die Vorgehensweise entspricht der Sicherheitskonzeption nach BSI-Standard 100-2. Auf dieser Basis kann entschieden werden, welche weiteren Maßnahmen getroffen werden sollen. Für die Kategorisierung der Strategieoptionen können wieder vier Stufen angesetzt werden, die jeweils gegenläufig mit den Restrisiken korrespondieren. Demnach würde die Gesamtlösung für das Risiko des Rechenzentrumsausfalls – die Schaffung eines Hot-Standby-Rechenzentrums – zu einem geringen Restrisiko führen, die Minimallösung hingegen zu einem sehr hohen Restrisiko. In der Praxis ist bei der Wahl der Strategie die Kosten-Nutzen-Analyse ausschlaggebend. Die Abbildung 11 veranschaulicht die Korrelation zwischen Schaden und Kosten für den Wiederanlauf.

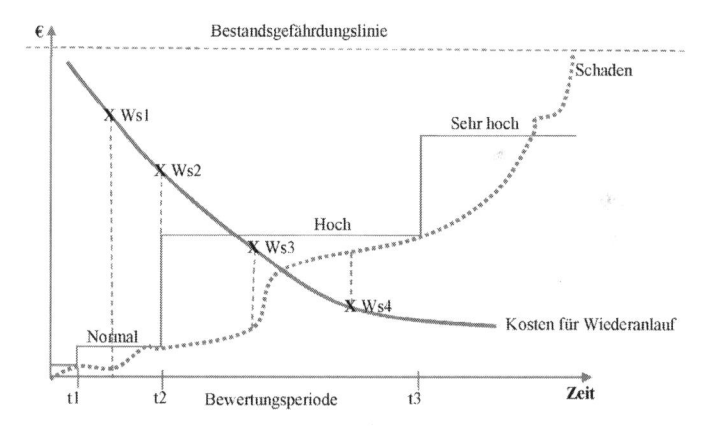

Abbildung 11: Schadensverlauf und Kosten für Wiederanlauf[107]

Deutlich wird: Je mehr Zeit bis zum Wiederanlauf vergeht, desto niedriger sind die Kosten dafür. Gegenläufig verhält es sich mit dem Schaden: Dieser wird umso höher je mehr Zeit vergeht. Vor diesem Hintergrund muss schließlich die Unternehmens-

---

[107] Bundesamt für Sicherheit in der Informationstechnik (2008, S. 55)

oder Institutionsleitung eine Entscheidung treffen. Hierbei kann eine übersichtliche Entscheidungsvorlage helfen, wie für das Beispiel des Rechenzentrums in Tabelle 11 zu sehen.

Tabelle 11: Entscheidungshilfe Kontinuitätsstrategie Rechenzentrum[108]

Prozess „Rechenzentrumsbetrieb" Maximal tolerierbare Ausfallzeit = 10 Tage	Wiederanlaufzeit	Kosten	Schaden bis zum Wiederanlauf
S1: Redundantes Rechenzentrum im Parallelbetrieb	< 6 Std.	5 Mio. €	Gering
S2: Zusätzliches Rechenzentrum, was durch das Einspielen von Sicherungsdaten in Betrieb geht	6–24 Std.	3 Mio. €	Gering bis mittel
S3: Im Notfall: Errichten eines Notfallrechenzentrums durch Beschaffung von Hardware und Installation von Software	2–10 Tage	1–1,2 Mio. €	Mittel bis hoch

Neben dem Blick auf die Kosten, sollte auch kritisch betrachtet werden, ob die errechneten Wiederanlaufzeiten auch unter Berücksichtigung doppelt genutzter Ressourcen, wie Personal, Räume etc., realistisch sind. Bei Missständen muss ggf. eine neue Einschätzung erfolgen. Diese ist gemäß des PDCA-Zyklus ohnehin zu empfehlen. Entsprechend der Entscheidung der Unternehmens- oder Institutionsleitung sind alle Notfallvorsorgemaßnahmen zu ergreifen bzw. umzusetzen.[109] Zusammengefasst weist der IT-Grundschutz samt den dazugehörigen Standards einen hohen Praxisbezug auf und wird seinem eigenen Anspruch gerecht, sowohl für kleine als auch für große Konzerne gültig zu sein. Besonders durch die Dokumentationsbeispiele von Schadensanalysen ist ein schneller Transfer in die Unternehmen möglich. Ebenfalls deutlich geworden ist die Vielzahl potenzieller Risiken, die sich durch Abhängigkeit zwischen Geschäftsprozessen und IT ergeben. Es unterstreicht die Wichtigkeit, diese quantifizierbar zu machen.

---

[108] Vgl. Bundesamt für Sicherheit in der Informationstechnik (2008, S. 55)
[109] Vgl. Bundesamt für Sicherheit in der Informationstechnik (2008, S. 48–57)

Im Zusammenhang mit der vorrangegangenen Beschreibung des BSI IT-Grundschutzes wurde bereits mehrfach auf den ISO 27001-Standard verwiesen. Auch der Auszug aus der <kes>/Microsoft-Sicherheitsstudie 2012[110] zeigt die Bedeutsamkeit der ISO 2700x-Standards in der Praxis. Eine erste Übersicht ist der folgenden Tabelle 12 auf der folgenden Seite zu entnehmen.

Tabelle 12: Übersicht ISO/IEC 2700x-Standards[111]

Bezeichnung	Erläuterung
ISO/IEC 27000 – Overview and vocabulary	Wichtige Begriffsdefinitionen und Gesamtüberblick
ISO/IEC 27001 – Requirements	Anforderungen an ein ISMS, nach denen zertifiziert werden kann
ISO/IEC 27002 – Code of practice	Detaillierte Maßnahmen für ein ISMS
ISO/IEC 27003 – Implementation guidance	Projektplan zur Einführung eines ISMS
ISO/IEC 27004 – Measurements	Messbarkeit von bereits implementierten ISMS
ISO/IEC 27005 – Information security risk management	Vertiefung von ISO/IEC 27002

Es ist zu erkennen, dass der aufgelistete Teil der ISO 2700x-Familie seinen Fokus auf das Information Security Management System (ISMS) legt. Damit wird deutlich, warum im BSI-Grundschutz auf ISO 27001 Bezug genommen wird, respektive eine ISO 27001-Zertifizierung auf der Basis von IT-Grundschutz angeboten wird. Um eine ISO 27001-Zertifizierung vergeben zu dürfen, muss das durchführende Unternehmen selbst nach ISO 27006 zertifiziert sein. Diese Norm bildet mit den Normen ISO 27007 und ISO 27008 den zweiten Teil der ISO 2700x-Normen ab. An dieser Stelle sei nochmals erwähnt, dass das BSI die Meinung vertritt, dass es als nationale Sicherheitsbehörde per Gesetzesgrundlage zur Akkreditierung ermächtigt ist und selbst keine ISO-Akkreditierung benötigt. Bevor ein detaillierter Blick auf den ersten Teil der Normen geworfen wird, ein Hinweis auf den erweiterten Teil der ISO

---

[110] Vgl. SecuMedia Verlags-GmbH (2012)
[111] Eigene Darstellung; vgl. Klipper (2011, S. 40)

2700x-Standards, die ISO 270xx. Dort werden zum einen die ISO 2700x-Standards präzisiert und zum anderen angrenzende Themen aufgegriffen. Im Kontext dieser Arbeit sind die ISO-Standards 27033-1 bis 27033-4 zu erwähnen, die sich explizit mit der Netzwerksicherheit beschäftigen.[112] Entscheidender ist allerdings das grundlegende Risikomanagement, und dieses wird am besten im ISO 27001-Standard vermittelt. Grundlage bildet auch hier – analog zum BSI-Grundschutz – ein PDCA-Modell, wie es auf Seite 58 beschrieben ist.

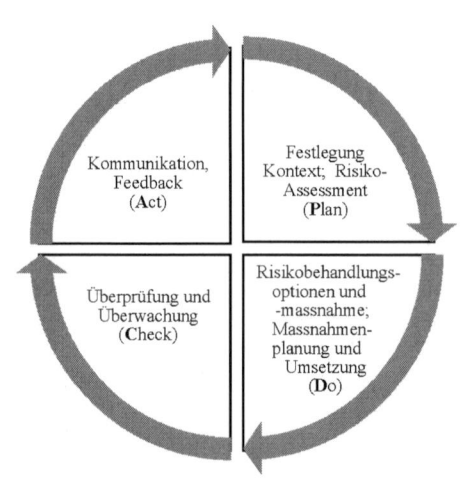

Abbildung 12: PDCA-Modell des ISO 27001-Standards[113]

In der Planungsphase wird zunächst der Einsatzbereich festgelegt und mit diesem genau definiert, welchen Umfang das ISMS abdecken soll. Zudem sollte festgelegt werden, dass das ISMS konform zur Risikomanagementstrategie des Unternehmens etabliert wird. Als Ergebnis der Planungsphase muss eine Definition der Methode vorliegen, die genutzt wird, um Risiken reproduzierbar und vergleichbar zu identifizieren. Ebenfalls ist festzulegen, unter welchen Kriterien Risiken akzeptierbar sind und welche Ausprägung bzw. Höhe diese Risiken haben dürfen. Die Identifikation

---

[112] Vgl. Klipper (2011, S. 40–44)
[113] Eigene Darstellung; vgl. Königs (2013, S. 201–203)

der Risiken erfolgt in der Umsetzungsphase. Zunächst müssen die betroffenen Geräte und Systeme samt der dafür verantwortlichen Personen erhoben werden. Daran angegliedert findet die Identifizierung der Bedrohungen für die zuvor ermittelten Assets statt. Schwachstellen ausfindig zu machen, die diesen Bedrohungen nicht standhalten können, ist der darauffolgende Schritt. Bevor die Risiken bewertet werden können, muss analysiert werden, welchen Einfluss die Bedrohung auf Verfügbarkeit, Vertraulichkeit und Integrität hat. Maßgebend für die Bewertung des Risikos ist der unmittelbare Einfluss auf die Geschäftsprozesse. Kombiniert mit der Eintrittswahrscheinlichkeit kann die Höhe der Risiken abgeschätzt werden. Es folgt die Entscheidung, ob das Risiko akzeptiert, vermindert, vermieden oder transferiert werden soll. Abhängig davon müssen Maßnahmen getroffen werden, die sich an den Maßnahmen des ISO 27002-Standards orientierten. Sowohl die Umsetzung der Maßnahmen als auch die Akzeptanz des Restrisikos müssen durch das Management formal abgenommen werden. Auch der Umfang an Maßnahmen sollte schriftlich fixiert werden, samt der Zielsetzung und Begründung, warum die Maßnahmen ausgewählt wurden. Die Phase der Umsetzung wird durch die tatsächliche Durchführung der Maßnahmen im Unternehmen abgeschlossen. Dabei sollte insbesondere darauf geachtet werden, den Erfolg der Maßnahmen zu dokumentieren, damit erfolgreiche Maßnahmen reproduziert werden können. Resultat muss neben einer Erhöhung des Sicherheitsniveaus auch die frühzeitige Erkennung von sicherheitsgefährdenden Ereignissen sein. Die Erfolgskontrolle muss regelmäßig und transparent erfolgen. Dabei sollte besonders die Wirksamkeit der Maßnahmen kontrolliert und das tatsächliche Restrisiko immer neu bewertet werden. Auch interne Audits sind ein adäquates Mittel zur Qualitätssicherung und können eine Basis für Verbesserungen bilden. In Bezug auf das ISMS bedeutet das, dass Verbesserungen unmittelbar umgesetzt werden und die dazugehörige Kommunikation stattfindet, denn nur so kann gewährleistet werden, dass die beabsichtigten Ziele erreicht werden.[114] Im Anhang des ISO 27001-Standards befinden sich Maßnahmen aus dem ISO-Standard 27002, die den

---

[114] Vgl. Königs (2013, S. 201–203)

unmittelbaren Zusammenhang nochmals verdeutlichen. Insgesamt 11 von 15 Kapiteln des ISO 27002-Standards beschreiben Sicherheitsmaßnahmen, 133 Maßnahmenbeschreibungen und zahlreiche Umsetzungsanleitungen inklusive. Die Sicherheitskategorien sind in Tabelle 13 aufgeführt.

Tabelle 13: Kapitel mit Sicherheitskategorien ISO 27002[115]

5. Security Policy
6. Organizing Information Security
7. Asset Management
8. Human Resources Security
9. Physical and Environmental Security
10. Communications and Operations Management
11. Access Control
12. Information Systems Acquisition Development and Maintenance
13. Information Security Incident Management
14. Business Continuity Management
15. Compliance

Die Sicherheitskategorien unterteilen sich abermals. Ein Unterpunkt der Kategorie 11. Access Control ist z. B. Network Access Control. Die Maßnahmen selbst sind konkret genug, dass sie sowohl in Konzernen als auch mittelständischen Unternehmen umgesetzt werden können. Sowohl den Umfang als auch die Detailgenauigkeit betreffend ist die inhaltliche Ähnlichkeit zwischen IT-Grundschutz und den ISO-Standards 27001 und 27002 definitiv gegeben. Wesentlich weniger konkret, als die ausführlich analysierten Standards ISO 2700x und BSI-Grundschutz, ist die IT Infrastructure Library (ITIL) im Hinblick auf das Risikomanagement.

Das Risikomanagement findet bei ITIL hauptsächlich im Bereich der Service Delivery Anwendung. Service Delivery ist gemäß ITIL der Prozess, der die Sicherung der IT-Services mithilfe von steuernden Prozessen gewährleistet. Einer dieser

---

[115] Vgl. Königs (2013, S. 207)

1.2 IT-Risiken – eine Kategorie für sich 83

Prozesse ist das sogenannten Availability Management, welches dazu dient, die zugesicherte Verfügbarkeit zu garantieren bzw. sicherzustellen. Einhergehend mit der Einführung des Availability Managements in ein Unternehmen findet auch ein Risikomanagement statt. Es wird der Einfluss von IT-Ausfällen auf die Geschäftsprozesse analysiert und bewertet. Hieraus werden ggf. Maßnahmen abgeleitet, um die geplante Verfügbarkeit gewährleisten zu können.[116] Sind die kritischen Geschäftsprozesse samt den dazugehörigen Services identifiziert, werden die potenziellen Bedrohungen, Schwachpunkte und nicht gewollten Vorkommnisse notiert und abschließend mit einer Eintrittswahrscheinlichkeit belegt. Zusätzlich sollte eine Bewertung mithilfe von Konsequenzklassen erfolgen. Typische Konsequenzen sind ‚Vernachlässigbar', ‚Mäßig' und ‚Bedeutend'. Bei einem Risiko, dessen Eintritt sehr unwahrscheinlich ist und die Konsequenz Vernachlässigbar ist, kann im Produkt von einem geringen Risiko gesprochen werden. Das Gegenbeispiel ist eine beinahe sichere Eintrittswahrscheinlichkeit in Zusammenhang mit einer Bedeutenden Konsequenz. Dies führt unmittelbar zu einem extremen Risiko. Die Antwort nach den abzuleitenden Maßnahmen bleibt ITIL schuldig.[117]

Zusammengefasst wird deutlich, dass bei allen aufgeführten Standards die Vorgehensweise bei der Risikoidentifikation und Risikobewertung eine nahezu identische Logik aufweisen. Ausschlaggebend beim IT-Risikomanagement sind immer die Geschäftsprozesse. Sie bilden die Basis für den Erfolg eines Unternehmens und sind besonders zu schützen. In der Konsequenz werden IT-Services daher nicht einzeln betrachtet, sondern im Kontext ihrer Wichtigkeit für das Unternehmen. Mit zunehmender IT-Unterstützung nahezu aller Geschäftsprozesse steigt die Wichtigkeit und damit auch die Notwendigkeit ein explizites IT-Risikomanagement zu betreiben. An welchem Standard sich Unternehmen und Behörden orientieren, dürfte hauptsächlich eine Frage der Internationalität sein. Während sich lokale Unternehmen wahrscheinlich allein auf länderspezifische Vorschriften konzentrieren, werden internationale Unternehmen die Standards wählen, die auch international anerkannt sind.

---

[116] Vgl. Köhler (2007, S. 113)
[117] Vgl. Köhler (2007, S. 156–160)

1.3 Das Wesen der Risiko-Bewertungsmethoden

Bisher wurde bereits darauf eingegangen, dass es zwei verschiedene Risiko-Bewertungsmethoden gibt, zum einen die ‚Quantitative' und zum anderen die ‚Qualitative'. Während bei der Qualitativen Bewertung verbale Aussagen mithilfe von Skalen rationalisiert werden und Werte wie ‚Niedrig', ‚Mittel' und ‚Hoch' liefert, werden bei einer Quantitativen Bewertung rein numerische Werte ermittelt.[118] Beide Methoden sorgen dafür, dass Risiken quantifizierbar sind. Sie bilden beide die Basis für das Risikomanagement im Allgemeinen oder auch das IT-Risikomanagement im Speziellen. Anhand des IT-Risikomanagements nach ITIL und dem IT-Grundschutz wurde die qualitative Risikobewertung bereits ausführlich erläutert. Die quantitative Risikobewertung ist im Folgenden Gegenstand der Analyse. Da im Fokus der Arbeit IT-Risiken stehen, werden diese auch weiterhin als Beispiel herangezogen, obwohl die Methoden auch für das Risikomanagement im Zusammenhang des COSO ERM Framework Gültigkeit haben. Als Basis für die Quantitative Betrachtung des Risikos gilt immer die mathematische Definition von Risiko, $R = pE$ *(Eintrittswahrscheinlichkeit des Schadens SE)* $\times$ *SE (aus dem Schaden resultierender Verlust)*[119]. In der Praxis wird hier auf historischen Daten (ex-post)[120] zugegriffen, also beispielsweise die Ausfallhäufigkeit des Netzwerks über einen definierten Zeitraum mit den dazugehörigen Schadenshöhen. Aus diesen für einen Zeitraum ermittelten Ergebnissen – zumeist einer Zeitperiode von einem Jahr – werden Erwartungswerte abgeleitet, die zur Berechnung des zu erwartenden Schadens benötigt werden. Für den erwarteten Schaden pro Jahr ergibt sich dann: *Erwartete Ausfallhäufigkeit (pro Monat)* $\times$ *Erwartete Schadenshöhe* $\times$ *12*. Plausible Risikowerte für zukünftige Ereignisse (ex ante) können mit dieser einfachen Multiplikationsformel ermittelt werden, wenn es sich um relativ häufige Ereignisse handelt. Bei Ereignissen, die selten auftreten und einen großen Schaden mit sich bringen, wie z. B. der Totalausfall der Netzwerktechnik eines Unternehmens, führt die Multiplikationsformel dazu, dass sich Schäden in zweistelliger Millionenhöhe aufgrund ihrer geringen Eintrittswahrscheinlichkeit zu

---

[118] Vgl. Königs (2013, S. 50)
[119] Vgl. Königs (2013, S. 13–14)
[120] Vgl. Prokein (2008, S. 65)

1.3 Das Wesen der Risiko-Bewertungsmethoden

Risiken von einigen Zehntausend Euro verringern.[121] Als Konsequenz bedarf es bei seltenen, aber sehr schwerwiegenden Schadensereignissen einer anderen Methode. Bevor auf diese weiteren Methoden eingegangen wird, folgen nun Ergänzungen zur Kategorisierung von Bewertungsmethoden. Diese wurden bereits in Quantitative und Qualitative Bewertungsmethoden unterteilt. Methoden, bei denen beide Arten der Bewertung stattfinden, existieren allerdings ebenfalls. Damit greift eine Unterscheidung in Quantitative und Qualitative Methoden zu kurz. Eine Möglichkeit der Kategorisierung ist der Abbildung 13 zu entnehmen.

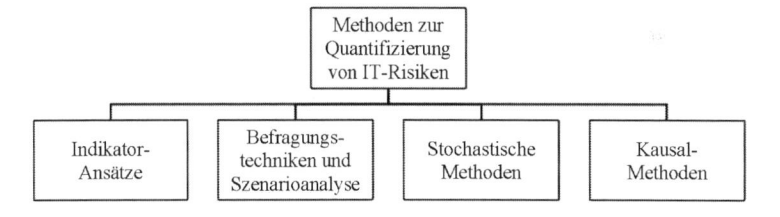

```
                    Methoden zur
                   Quantifizierung
                   von IT-Risiken
    ┌──────────────┬──────────────┬──────────────┐
  Indikator-    Befragungs-    Stochastische   Kausal-
  Ansätze      techniken und   Methoden        Methoden
               Szenarioanalyse
```

Abbildung 13: Methoden zur Quantifizierung von IT-Risiken[122]

Die erste Kategorie bilden die Indikator-Ansätze. Die Quantifizierung der IT-Risiken erfolgt mittels Kennzahlen oder Kennzahlensysteme, bei denen ein Zusammenhang zu den IT-Risiken vermutet wird. Basis dafür bilden Expertenmeinungen und empirische Untersuchungen. Bei der Szenarioanalyse hingegen werden ausschließlich Experten schriftlich oder mündlich befragt, um IT-Risiken zu quantifizieren. Gegenstück hierzu sind die stochastischen Methoden, bei denen ausschließlich empirische Untersuchungen herangezogen werden. Die Kausal-Methoden dienen dazu, Zusammenhänge zwischen Schäden und Indikatoren (Ursachen) mithilfe von statistischen Methoden genauer zu untersuchen.[123]

---

[121] Vgl. Königs (2013, S. 16–18)
[122] Vgl. Prokein (2008, S. 35)
[123] Vgl. Prokein (2008, S. 35–36)

Bei der Risikobewertung seltener aber schwerwiegender Ereignisse ergibt sich die grundsätzliche Problematik tatsächlich durch die Seltenheit der Ereignisse und der damit einhergehenden schlecht zu quantifizierenden Wahrscheinlichkeiten. Innerhalb der Wahrscheinlichkeitsverteilung ist das Ereignis ein Ausreißer und befindet sich im sogenannten Schwanz der Verteilung.[124] Um dieses Problem zu lösen, werden stochastische Methoden außerhalb der einfachen Multiplikationsformel genutzt, die eine Aggregation der Risiken besser simulieren können.[125] Sinnvoll an dieser Stelle ist nun eine knappe Zusammenfassung der gängigsten stochastischen Methoden zur Quantifizierung von IT-Risiken zu geben. Die gängigsten dieser Methoden sind die Vollenumeration, die Monte-Carlo-Simulation und die Extremwertmethode.[126] Die beiden erstgenannten Methoden basieren auf Quantitativen historischen Daten über Verlustereignisse, die das Generieren einer Gesamtverlustverteilung ermöglichen. Sofern eine hohe Anzahl an Daten über Verlustereignisse vorliegt, liefern beide Modelle sehr risikosensitive[127], also möglichst den eintretenden Risiken entsprechende Ergebnisse. Diese Methode ist mit einem entsprechend hohen Aufwand verbunden. Da das auch für die Extremwertmethode gilt, kann festgehalten werden, dass die hier betrachteten stochastischen Methoden aufwendiger sind als die Indikator-basierten Methoden. Die Extremwertmethode bietet den Vorteil, dass keine komplette Zeitreihe[128] modelliert werden muss, d. h. nicht alle Daten einer Beobachtung über einen festgelegten Zeitraum vorliegen müssen. Das führt dazu, dass zwar weniger Daten als bei den beiden zuvor beschriebenen Methoden gebraucht werden, diese dafür aber umso spezifischer sein müssen. Viele Unternehmen haben diese Datengrundlage im operationellen Risikomanagement allerdings nicht vorliegen und können die Extremwertmethodik oftmals nicht nutzen.[129] Es lässt sich konstatieren, dass das wichtigste Unterscheidungsmerkmal bei der Bewertung von Risiken darin liegt, ob diese Qualitativ oder Quantitativ oder in einer Kombination aus beiden Methoden bewertet werden. Ausschlaggebend ist die Risikokategorie[130], die betrachtet

---

[124] Vgl. Königs (2013, S. 17)
[125] Vgl. Gleißner (2001, S. 190)
[126] Vgl. Prokein (2008, S. 49)
[127] Vgl. Prokein (2008, S. 73)
[128] Vgl. Chair of Statistics, University of Würzburg (2012, S. 1)
[129] Vgl. Prokein (2008, S. 77–78)
[130] Vgl. Tabelle 1 auf Seite 32

wird, und die Frage, für welchen Adressatenkreis die Risikobewertung gedacht ist. Bei der Bewertung von Finanzrisiken sind ggf. die numerischen Angaben wesentlich aussagekräftiger als verbale Aussagen („das Risiko ist niedrig/mittel/hoch"). Skalierte Werte können dazu genutzt werden, um auch Personen mit weniger Detailwissen zu den einzelnen Risikokategorien eine Einschätzung zu ermöglichen. Werden für die Bewertung von Risiken Standards, wie der IT-Grundschutz, genutzt, besteht – trotz der qualitativen Bewertung – eine Vergleichbarkeit über die Unternehmensgrenzen hinaus. Diese Vergleichbarkeit der Bewertung und die damit einhergehende Transparenz ist letztendlich das, was durch die verschiedenen gesetzlichen Vorgaben erreicht werden soll. Über die gesetzlichen Vorgaben hinaus ist es für Unternehmen ratsam, alle Risiken auf der vorliegenden Datenbasis – auch wenn dies nur die Einschätzung eines einzelnen Experten ist – zu quantifizieren.[131]

1.4 Aktuelle Problemstellungen – Produktion, Infrastruktur und Gefahren

Kernfunktion eines jeden Betriebs ist die Leistungserstellung und Leistungsverwertung. Die Leistungsverwertung wird als Absatz oder Marketing bezeichnet, während die Leistungserstellung als Produktion bezeichnet wird.[132] Im Kontext dieser Arbeit wird das Wort Produktion im Sinne des Produktionsprozesses genutzt, d. h. unter Produktion ist das Kombinieren von Produktionsfaktoren (Input) zu einem Produkt (Output) zu verstehen.[133]

1.4.1 Vernetzung in der Produktion – Aufbau einer Produktion und technische Infrastruktur

Für die nähere Betrachtung des Produktionsprozesses wird die Automobilindustrie als Beispiel herangezogen. Ein typisches Produktionswerk besteht aus vier Gewer-

---

[131] Vgl. Gleißner (2001, S. 183)
[132] Vgl. Wöhe (2010, S. 43)
[133] Vgl. Wöhe (2010, S. 293)

ken: ‚Presswerk', ‚Karosseriebau', ‚Lackiererei' und ‚Montage'. Die Aufzählungsreihenfolge entspricht auch dem Prozessablauf zur Fertigung eines Automobils. In der bautechnischen Anordnung ist diese Reihenfolge allerdings nicht zwangsläufig. Viele Werke, die vor den 90er-Jahren gebaut wurden und oftmals über Jahrzehnte gewachsen sind, sind im sogenannten Einzelkonzept aufgebaut.

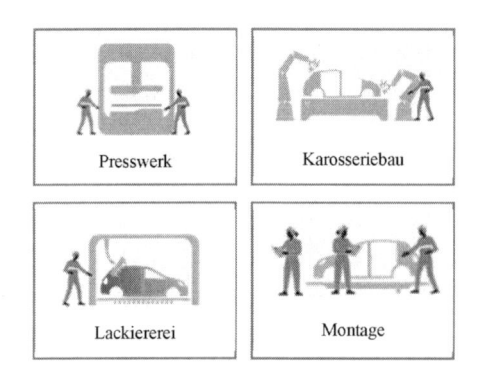

Abbildung 14: Werkstruktur Einzelkonzept[134]

Wie in der Abbildung 14 zu sehen ist, bedeutet ‚Einzelkonzept', dass jedes Gewerk räumlich voneinander getrennt ist. Die räumliche Unabhängigkeit der Gewerke war in erster Linie der ehemals hohen Fertigungstiefe und der damit verbundenen notwendigen Flexibilität der einzelnen Gewerke geschuldet. Aus der heutzutage vorherrschenden geringen Fertigungstiefe ergibt sich eine gestiegene Zahl an Anlieferungen. Infolgedessen orientieren sich die heutigen Werkslayouts deutlich an der Logistik. Die Prämisse „form follows flow"[135] spiegelt sich in einem Zentralkonzept wider, wie in Abbildung 15 dargestellt. Das Expandieren einzelner Gewerke ist somit ohne Weiteres möglich, sofern ausreichend Fläche vorhanden ist. Einhergehend mit der geringen Fertigungstiefe werden vermehrt auch komplette Module – wie beispielsweise komplett vormontierte Autositze – sequenzgenau ans Band geliefert.[136]

---

[134] Eigene Darstellung; vgl. Klug (2010, S. 4); Iteem school (2012)
[135] Klug (2010, S. 3)
[136] Vgl. Klug (2010, S. 3–7)

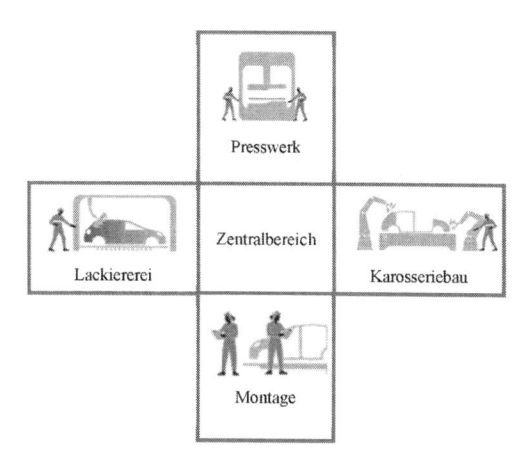

1.4 Aktuelle Problemstellungen – Produktion, Infrastruktur und Gefahren

Abbildung 15: Werkstruktur Zentralkonzept[137]

Die sequenzgenaue Anlieferung von Bauteilen oder Modulen wird als Just-in-Sequenz-(JIS-)Verfahren bezeichnet, einer Weiterentwicklung des Just-in-Time-(JIT-)-Verfahrens, bei dem die Bauteile zwar zeitnah angeliefert werden, im Gegensatz zum JIS-Verfahren aber nicht in der richtigen Reihenfolge. Um diese Verfahren zu ermöglichen, ist ein zeitgenauer Informationsaustausch zwangsläufig erforderlich. Unabhängig davon, ob dieser innerhalb eines Unternehmens erfolgen muss oder ggf. zwischen Produktion und Lieferant, werden verschiedene IT-Systeme eingesetzt.[138] Sowohl die logische Reihenfolge der Produktionsschritte als auch die starke Verknüpfung der Produktionsprozesse mit den Logistikprozessen, die alle über technische IT-Netzwerke kommunizieren, bilden die Vernetzung der Produktion. Noch konkreter wird es bei der Betrachtung einer sogenannten Fertigungszelle, im Fertigungsbereich Karosseriebau auch als Rohbauzelle bezeichnet. Charakteristisch für eine Rohbauzelle ist, dass sie aus mehreren Teilen bzw. Betriebsmitteln besteht, die oft von verschiedenen Herstellern stammen und über ein Bussystem verbunden sind. Zur Ansteuerung der Maschinen dienen mehrere SPS. Hauptsächlich werden Roboter angesteuert, die im Umfeld

---

[137] Eigene Darstellung; vgl. Klug (2010, S. 4); Iteem school (2012)
[138] Vgl. Heitmann (2007, S. 115)

des Karosseriebaus hauptsächlich Schweißarbeiten verrichten und demnach meist mit Greifern und Schweißzangen ausgestattet sind. Auch die Komponenten der Fördertechnik werden durch SPS angesteuert und die Sicherheitszonen durch Sicherheits-SPS überwacht. Für den Fall, dass ein Mensch eine Sicherheitszone betritt, erfolgt ein automatischer Not-Aus. Industrie-PCs und Werkerpulte dienen zur Bedienung der Anlagen und sind ebenfalls Bestandteil einer Fertigungszelle. Ein schematischer Aufbau ist in Abbildung 16 zu sehen. Die Fertigungszellen selbst sind oft auch untereinander zu einem Netzwerk verbunden, um eine zentrale Steuerung zu ermöglichen bzw. den Zugriff auf zentral abgelegte Steuerungsprogramme und Visualisierungen zu ermöglichen. Für die Kommunikation kommen verschiedene Feldbussysteme zum Einsatz, wie SafetyNet, Profibus, Interbus und Ethernet.[139]

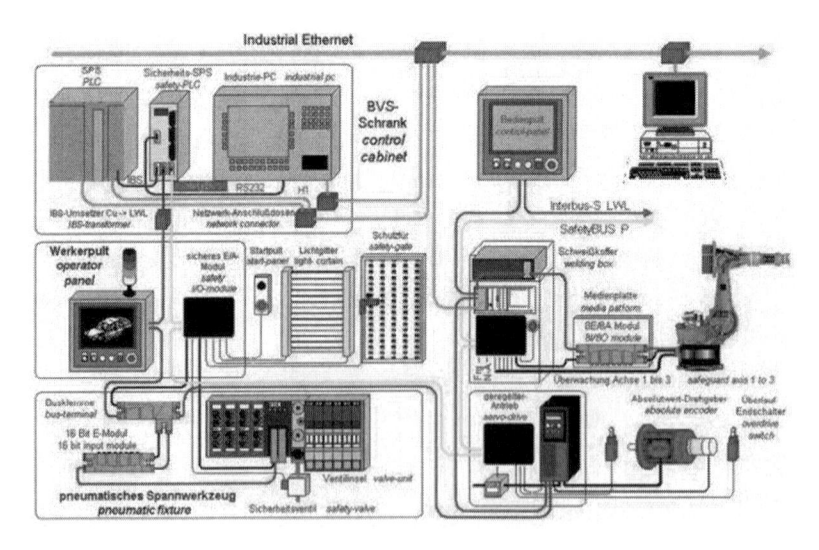

Abbildung 16: Automatisierungsstruktur einer Rohbauzelle[140]

Welche informationstechnischen Gefahren mit der technischen Vernetzung einhergehen, wird im nachfolgenden Kapitel erläutert.

---

[139] Vgl. Kiefer (2007, S. 12); Kropik (2009, S. 13–16)
[140] Kropik (2009, S. 14)

1.4.2 Informationstechnische Gefahren für Produktionsanlagen und deren Vernetzung

Die Gefahren für Produktionsanlagen lassen sich am besten anhand der sogenannten Automatisierungspyramide gliedern.

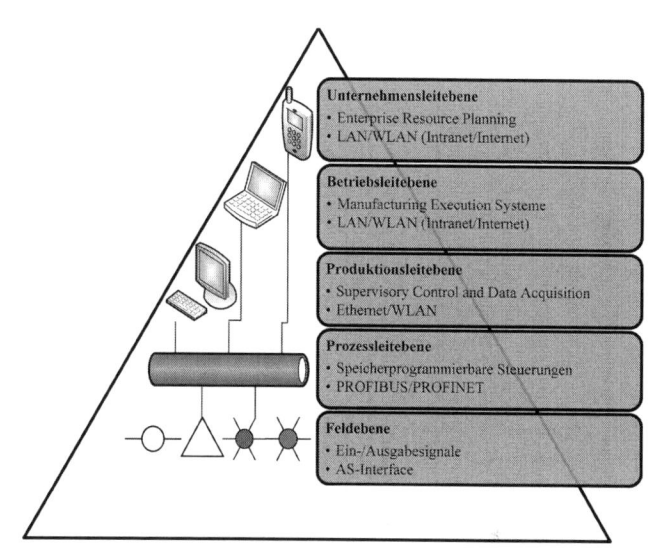

Abbildung 17: Automatisierungspyramide[141]

Wie in Abbildung 17 zu erkennen, bildet die ‚Unternehmensleitebene' die Spitze der Pyramide. Hier sind Aufgaben wie z. B. die Produktionsplanung und die Unternehmensführung angesiedelt, die auch informationstechnisch durch Enterprise Resource Planning (ERP) Systeme unterstützt werden können. Auf ‚Betriebsleitebene' bilden z. B. Manufacturing Execution Systeme (MES) die informationstechnische Unterstützung der täglichen Betriebsprozesse. Auf ‚Produktionsleitebene' kommen sogenannte Supervisory Control and Data Acquisition (SCADA) Systeme bzw. serverbasierte Produktionsleitsysteme zum Einsatz, um die Maschinen- und Anlagensteuerung durchzu-

---

[141] Eigene Darstellung; vgl. Heinrich, Linke, und Glöckler (2015, S. 4); Fallenbeck und Eckert (2014, S. 405)

führen. Die ‚Prozessleitebene' dient u. a. zur Verbindung verschiedener Fertigungszellen, wie sie im vorherigen Kapitel vorgestellt wurden. Auf der Prozessleitebene werden SPS, wie zuvor erwähnt, eingesetzt.[142] Die unterste Ebene bildet die ‚Feldebene', in der sich alle Sensoren und Aktoren befinden, deren Daten innerhalb kürzester Zeit mittels Ein- und Ausgangssignale zur übergeordneten Ebene transportiert werden.[143] Bricht die Feldebene weg, kommt die Produktion zum Erliegen. Hier ist eine Ähnlichkeit zum OSI-Referenzmodel (OSI = Open System Interconnection) zu sehen, welches die Kommunikation zwischen zwei technischen Kommunikationspartnern abbildet und Allgemeingültigkeit für technische Vernetzungen hat. Darunter fallen z. B. LAN und WLAN, die z. B. auf der *Unternehmensleitebene* zur Anwendung kommen. Aus diesem Grund seien die oberste und unterste Ebene des 7-stufigen Modelles (s. Abbildung 18) kurz erläutert. Die Bitübertragung findet auf Ebene 1 statt und kann z. B. über Kupfer, Glasfaser oder per Luftschnittstelle erfolgen. Durch weitere fünf Schichten wird sichergesellt, dass der Transport und die Verarbeitung der Daten auf der obersten, der sogenannten Anwendungsschicht erfolgen kann.[144]

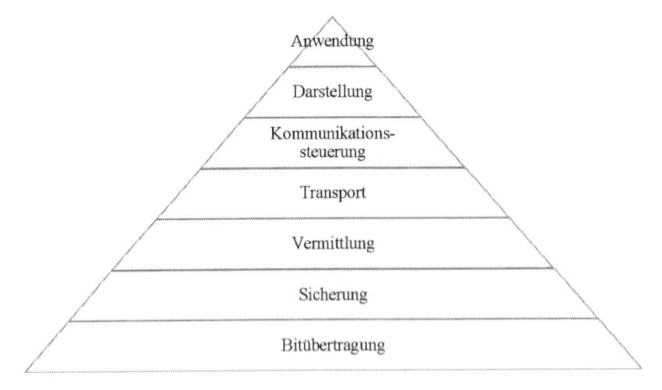

Abbildung 18: OSI-Referenzmodell[145]

---

[142] Vgl. Heinrich, Linke, und Glöckler (2015, S. 19)
[143] Vgl. Heinrich, Linke, und Glöckler (2015, S. 4–5); Fallenbeck und Eckert (2014); Kropik (2009, S. 63)
[144] Vgl. Abts und Mülder (2009, S. 92–93)
[145] Vgl. Abts und Mülder (2009, S. 91)

Auf der Anwendungsebene sind auch Systeme wie das Produktionsleitsystem einzuordnen. Ein solches Produktionsleitsystem bildet das Herzstück einer IT-gestützten Produktion. In der Automatisierungspyramide ist ein solches System auf der Betriebsleitebene und der Produktionsleitebene anzusiedeln und übernimmt nicht nur die Funktion als MES, sondern auch als SCADA und bildet die Schnittstelle zur Unternehmensleitebene und zur Prozessleitebene.

Die Anzahl der Ebenen reduziert sich somit auf vier, wie der Abbildung 19 auf Seite 94 zu entnehmen ist. Sie stellt die Vernetzung der einzelnen Anlagen – wie z. B. die der Rohbauzelle (s. Seite 89) – über die verschiedenen Ebenen dar.

Ein Schweißroboter ist genau wie ein Schrauber als Feldgerät zu verstehen und findet sich auf der Feldebene wieder. Die Steuerung – unabhängig, ob es sich um SPS-basierte Produktionsanlagen oder PC-basierte Produktionsanlagen handelt – ist Teil der Prozessleitebene bzw. der Ebene der Automation. Damit einhergehend sind auch die SPS und der Industrie-PC einer Rohbauzelle, die zur Steuerung genutzt werden Teil der Prozessleitebene bzw. der Ebene der Automation. Von der Automationsebene aus sind auch die Fördertechnik und die Identifizierungstechnik (z. B. mittels RFID-Lesegeräten auf Feldebene) mit dem Produktionsleitsystem verbunden. Auf der MES-Ebene sind Alarmierungssysteme und Anzeigesysteme sowie Fabrikanzeigen auf die gleiche Weise mit dem Produktionsleittechnik-Server verbunden wie Terminals bzw. mobile Endgeräte zur Eingabe von z. B. Kontrollpunkten. Die Verbindung der Systeme erfolgt mittels TCP/IP. Die Middleware bildet die Schnittstelle zur Unternehmensleitebene respektive zu den ERP-Systemen. An dieser Stelle befindet sich der Übergang zwischen Steuerung und Planung.[146]

---

[146] Vgl. Kropik (2009, S. 61–66)

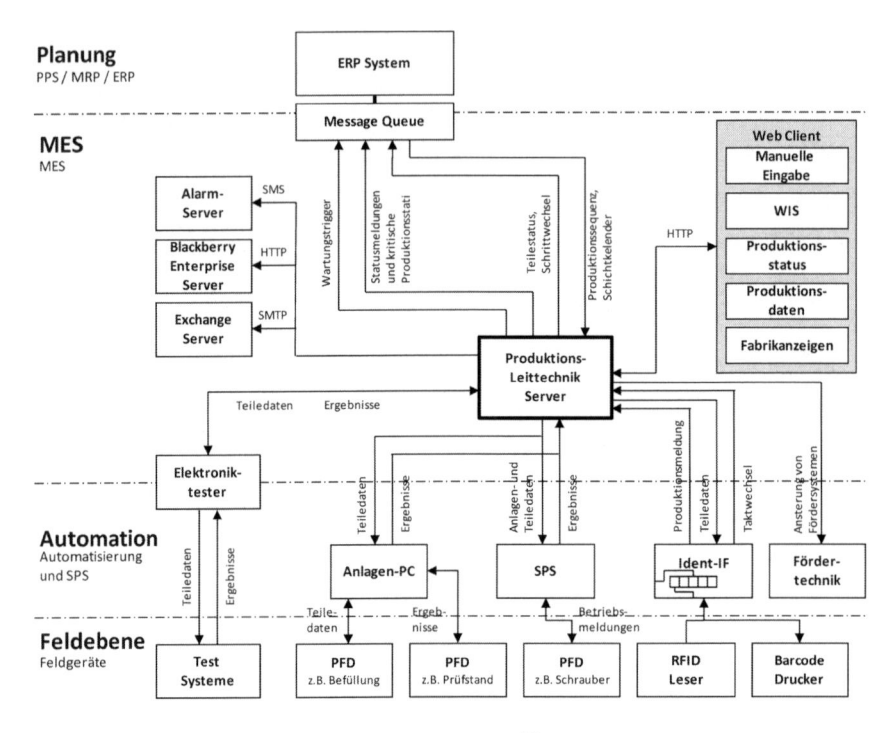

Abbildung 19: Aufbau eines Produktionsleitsystems[147]

Die Gefahr für informationstechnische Angriffe verläuft entgegengesetzt der Automatisierungspyramide. So bildet die oberste Unternehmensebene, auf der oftmals eine Verbindung zum Internet besteht, das größte Einfallstor. Ist der Angreifer einmal ins Unternehmensnetzwerk eingedrungen, bietet sich ihm oftmals die Möglichkeit, bis auf die Feldebene vorzudringen. Da viele SCADA-Anlagen zu Wartungszwecken auch aus dem Internet erreichbar sind, ist der Einstieg über die Unternehmens- oder Betriebsleitebene oftmals gar nicht notwendig, denn auch die Produktions- oder Prozessleitebene bieten genug Einfallsmöglichkeiten aus dem öffentlichen Netz. Sind Angreifer erfolgreich ins Unternehmensnetzwerk eingedrungen, können sie hier Manipulationen vornehmen. Die Auswirkungen können dabei ganz

---

[147] Kropik (2009, S. 63)

unterschiedlich sein, abhängig davon, was die Hacker bezwecken. Ein erheblicher wirtschaftlicher Schaden kann bereits angerichtet werden, indem über manipulierte Steuerung einzelne Chemikalien falsch dosiert werden, durch die die Qualität bzw. der Reinheitsgrad so verringert wird, dass das Endprodukt nahezu unverkäuflich ist. So liegt beispielsweise der Kilopreis bei reinem Paracetamol bei ca. 640.000 €, bei 98 % Reinheit nur noch bei 78 €.[148] Wesentlich gefährlicher für die Produktionsmitarbeiter sind hingegen Attacken, bei denen eine manipulierte Steuerung beispielsweise dafür sorgt, dass Maschinen überhitzen und schließlich explodieren. Im Jahr 2007 wurde in den USA im Rahmen eines Experiments ein Dieselaggregat, das zur Stromerzeugung für das öffentliche Stromnetz diente, gehackt und zur Überhitzung gebracht. Der Hackerangriff führte letztlich zum Ausfall des Aggregats.[149]

Grundsätzlich besteht das Risiko der gezielten Manipulation auf allen Ebenen der Automatisierungspyramide. Besonders hoch ist das Risiko dort, wo eine Verbindung zum Internet besteht und LAN und WLAN zum Einsatz kommen. Die Vernetzung der Anlagen wird zum Großteil über Ethernet und Industrial Ethernet bzw. Profinet realisiert. Die weite Verbreitung der Ethernet-Technologie bringt auch einen Anstieg potenzieller Attacken mit sich. Zwei beispielhafte, aber konkrete Gefährdungen des Netzwerks, die der Gefährdungskatalog des BSI anführt, sind ‚G 5.139 Abhören der WLAN-Kommunikation' und ‚G 5.61 Missbrauch von Remote-Zugängen für Managementfunktionen von Routern'[150]. Beide Gefährdungen sind mögliche Einfallstore für eine Manipulation. Eine auf diesem Wege erfolgte Manipulation kann durch verschiedene Arten von Viren (s. Seite 44) hervorgerufen werden. Die vernetzte Struktur bietet dem Virus die Möglichkeit, sich – wie im einleitend angeführten Beispiel der DaimlerChrysler AG – schnell über das gesamte Netzwerk auszubreiten. Eine zusätzliche Gefahr besteht darin, dass die für Maschinen und Anlagen oftmals typisch langen Entwicklungszyklen auch für deren informationstechnische Bestandteile wie Firmware, Wartungssoftware u. a. gelten. Das führt

---

[148] Vgl. heise (2014)
[149] Vgl. CCN (2007)
[150] Vgl. Bundesamt für Sicherheit in der Informationstechnik (2013, S. G5 I–VII)

dazu, dass bekannte Sicherheitslücken sehr lange bestehen bleiben.[151] Abstrahiert lässt sich festhalten, dass die Vernetzung in der Produktion zwei Gefahrenaspekte mit sich bringt. Der erste Gefahrenaspekt liegt in der steigenden Anzahl potenzieller Angriffspunkte – z. B. veralteter Firmware einzelner Produktionsanlagen – durch die wachsende Vernetzung. Da Schwachpunkte einzelner Komponenten als Sprungpunkte zu anderen Systemen genutzt werden können, werden sie unmittelbar zum Schwachpunkt des gesamten Netzwerks. Das Gleiche gilt auch für den zweiten Gefahrenaspekt, der das Fehlverhalten einzelner Komponenten beschreibt. Durch die Vernetzung in der Produktion kann sich beispielsweise ein Virenbefall einer einzelnen Produktionsanlage unmittelbar auf das gesamte Netzwerk auswirken.

Betrachtet man die technischen und logischen Produktionsinfrastrukturen, zeigt sich also, dass die zunehmende Verschmelzung der Produktion zu einem technischen Gesamtnetzwerk, gepaart mit der steigenden Manipulation von Netzwerken und Komponenten, als die aktuell akute Problemstellung anzusehen ist. Das aus der immer stärker vernetzten Produktion resultierende Risiko kann mit dem gegenwärtigen Stand der Risikomanagementmethoden in ihren Einzelteilen sicherlich bewertet werden. Es mangelt allerdings an einer spezifischen Vorgehensweise, um das Risiko insgesamt bewerten zu können.

---

[151] Vgl. heise (2014)

2 Ziel der Arbeit

Ziel der Arbeit ist es, anhand der Auswertung von theoretischen Kenntnissen und Meinungen und der darauf aufbauenden analytischen Forschung das Risiko, das sich in Summe durch die Vernetzung in der Produktion ergibt, zu bewerten und transparent zu machen. Transparent bedeutet in diesem Fall, dass die Möglichkeit geschaffen wird, konkrete technische Risiken so zu aggregieren, dass die potenziellen Auswirkungen auch auf der Ebene der Geschäftsberichte ersichtlich werden. Die Risiken durch die Vernetzung in der Produktion sollen zumindest auf der Ebene der Geschäftsberichte auch als finanzielle Risiken dargestellt werden. Damit einher geht das Ziel, operative Risiken finanziell greifbar zu machen, also eine Quantifizierung zu bewirken. Im Idealfall bietet die entwickelte Bewertungsmethode die Möglichkeit, individuelle Anpassungen vornehmen zu können. Um das Ziel der Anpassungsfähigkeit verfolgen zu können, ist es unausweichlich, sowohl die Entwicklung als auch die Methode selbst absolut transparent zu gestalten. Dies bedeutet auch, möglichst stark an den aktuellen Stand der Forschung anzuknüpfen, um zu einer Lösung des Problems zu kommen.

3 Methodik der Arbeit und wissenschaftliche Methoden

Um eine Bewertungsmethode für das IT-Risikomanagement zur Bewertung der Risiken durch die Vernetzung in der Produktion zu entwickeln, bedarf es einer klaren Vorgehensweise und der geeigneten wissenschaftlichen Methoden. Sie werden im Folgenden dargelegt.

3.1 Angewandte Methoden

Der aus Sicht des Autors bestehende Mangel einer Bewertungsmethode in der Praxis, mit der man die Risiken der Vernetzung in der Produktion bewerten könnte, macht eine induktive Herleitung[152] unmöglich, da sie tatsächlicher Grundlagen in der Praxis entbehrt. Die Basis für die Entwicklung der Bewertungsmethode bildet somit ausgewählte Literatur aus den Bereichen des Risiko- und IT-Risikomanagements. Es wird daher ein deduktiver Erklärungsansatz[153] gewählt – also eine Erklärung auf Basis von induktiv hergeleiteten Theorien abgeleitet. Dies impliziert, dass Teile der Literatur, wie Modelle und Standards, aus der Praxis herangezogen werden. Die daraus entwickelte Bewertungsmethode soll dann im Kontext der vernetzten Produktion validiert werden. Die kritische Überprüfung der eigenen These und der Versuch der Beweisbarkeit entsprechen der von Popper geprägten wissenschaftstheoretischen Lehre des kritischen Rationalismus[154] und wird dieser Arbeit als angewandte wissenschaftliche Methode zugrunde gelegt. Demnach besteht die Möglichkeit, dass sich die Bewertungsmethode im Falle einer Falsifikation[155] – durch Gegenbeweise – auch als falsch erweisen kann.

---

[152] Vgl. Chalmers (2013, S. 35)
[153] Vgl. Chalmers (2013, S. 45)
[154] Vgl. Popper (2007, S. 3)
[155] Vgl. Chalmers (2013, S. 52)

3.2 Vorgehensweise

Die Arbeit ist in ihrer Vorgehensweise so ausgerichtet, dass die Zielsetzung erreicht werden kann. Aufgrund der gewählten wissenschaftlichen Methode bedarf es in erster Linie einer breiten theoretischen Basis, die in Kapitel 1.1 geschaffen wurde. Die ausführliche Darstellung der Problemstellung erfolgte im Kapitel 1.4. Von diesem Ausgangspunkt aus kann unter Zuhilfenahme der bestehenden Theorien und Modelle ein eigenes Modell entwickelt werden. Wie in Abbildung 20 zu erkennen, folgt eine kritische Betrachtung des Modells und ein Ausblick. Die Diskussion in Kapitel 5 beantwortet die Frage, inwieweit das entwickelte Modell Beiträge zur Forschung, zur Lehre und zur Praxis leisten kann.

Überblick über die Problemstellung
- Einleitung

Theoretische Grundlagen des IT-Risikomanagements und Begriffsdefinition
- Kapitel 1.1 – Risiko, Risikomanagement und Zusammenhänge zum IT-Management

Aufzeigen der Problemstellung
- Kapitel 1.4 – Aktuelle Problemstellungen – Produktion, Infrastruktur und Gefahren

Herleiten des Modells
- Kapitel 2 – Ziel der Arbeit
- Kapitel 4 – Die Ergebnisse der Arbeit

Kritische Betrachtung des Modells und Ausblick
- Kapitel 5 – Diskussion
- Schlusswort

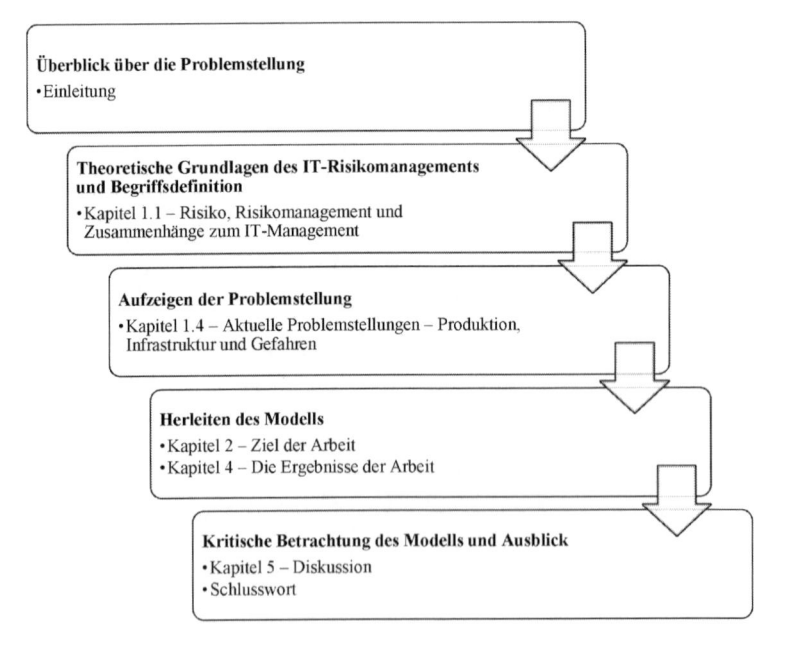

Abbildung 20: Vorgehensweise und Aufbau der Arbeit[156]

---

[156] Eigene Darstellung

4 Die Ergebnisse der Arbeit

Es wurden bereits die gesetzlichen Anforderungen an das Risikomanagement aufgezeigt, die Möglichkeiten des IT-Risikomanagement dargelegt und die Struktur der Produktion samt Automatisierungspyramide zum Diskurs gestellt. Im Folgenden sollen die Ergebnisse des Theoriediskurses zu einer Bewertungsmethode verknüpft werden.

4.1 Vernetzung in der Produktion – Facetten eines Risikos

Die dargelegten, theoretischen Grundlagen zum Risikomanagement und im speziellen zum IT-Risikomanagement bilden den Ausgangspunkt, um die Anforderungen an eine Bewertungsmethode zur Bewertung der Risiken durch die Vernetzung der Produktion konkret aufzuzeigen. Es wurden die rechtlichen Anforderungen an das Risikomanagement im Detail erörtert und deren Relevanz dargelegt. Eine neu entwickelte Bewertungsmethode muss genau diesen rechtlichen Anforderungen genügen. Sie sollte außerdem die finanziellen Auswirkungen des IT-Risikos, welche sich durch die Vernetzung in der Produktion ergeben, sichtbar machen. Die ausschlaggebende Anforderung an die Bewertungsmethode ist allerdings, die Vielschichtigkeit der Risiken, die sich durch die Vernetzung ergeben, transparent zu machen. Um der Summe an Anforderungen gerecht zu werden, ist es essenziell, bereits bestehende Methoden und Modelle zu nutzen und weiterzuentwickeln. So wird auch die Komplexität der Methode gering gehalten und zeitgleich die Vielschichtigkeit der Risiken abgebildet. Die Komplexität der Methode ergibt sich schließlich auch aus dem Geltungsbereich der Bewertungsmethode. Aus diesem Grund wird die Prämisse gesetzt, dass die Bewertungsmethode zunächst nur für ein produzierendes Unternehmen, das den rechtlichen Anforderungen eines DAX-Unternehmens unterliegt, Gültigkeit hat. Die dafür relevanten Rechtsnormen sind in Abbildung 3 auf Seite 36 illustriert. Um die Anwendbarkeit prüfen zu können, werden auch technische Prämissen gesetzt. Als technische Prämisse wird eine Automobilproduktion angenommen, die aus den vier Gewerken Presswerk, Karosseriebau, Lackiererei und Montage[157] besteht. Die Fertigung erfolgt über eine sequenzierte Produktionslinie.[158] Es wird außerdem die Existenz von zwei physikalisch getrennten Rechenzentren, die sich im redundanten Parallelbetrieb befinden[159], angenommen. Für die Netzwerkanbindung gilt die Prämisse, dass die Produktionszellen[160] redundant angebunden sind. Die Zellen selbst verfügen hingegen nur über einen Netzwerkswitch. Die übergeordnete Netzwerkinfrastruktur ist redundant über beide Rechenzentren verteilt und befindet sich im Parallelbetrieb.

4.2 Was ist und gebraucht wird – Methoden und Modellauswahl

Die rechtlichen Anforderungen an die Risikoberichterstattung sind nach § 289 und § 325 HGB für deutsche Unternehmen klar geregelt.[161] Zur Anwendung kommt in der Praxis der Deutsche Rechnungslegungs Standard (DRS) 20[162]. Für die zu entwickelnde Bewertungsmethode ist der Abschnitt A1.19 – Operationelle Risiken des DRS 20 von besonderer Relevanz, da hier die Notwendigkeit geregelt ist, auf die „Funktionsfähigkeit von EDV-Systemen einzugehen" als auch auf die „organisatorischen und funktionalen Aspekte im Bereich der Verwaltung"[163]. Die Bewertungsmethode wird daher so angelegt sein, dass sie die durch den DRS 20 geforderten Aussagen entsprechen kann. In Hinblick auf die Relevanz in der Praxis wird der IT-Grundschutz als etabliertes Kriterienwerk[164] in die Bewertungsmethode mit einfließen. Ein besonderes Augenmerk gilt hier der Sammlung der verschiedenen Risiken, wie sie in den IT-Grundschutz-Katalogen vorliegen und kategorisiert sind. Es soll insbesondere der logische Aufbau der Kategorisierung[165] übernommen und wei-

---

[157] Vgl. Abschnitt 1.2.1
[158] Vgl. dazu im Detail März (2015, S. 241)
[159] Vgl. Tabelle 12 auf Seite 79
[160] Vgl. Abbildung 16 auf Seite 90
[161] Vgl. Ossadnik und Langer (2008, S. 324)
[162] Vgl. Deutsches Rechnungslegungs Standards Committee (2012)
[163] Deutsches Rechnungslegungs Standards Committee (2012, S. 42)
[164] Vgl. Abbildung 6 auf Seite 48
[165] Vgl. Tabelle 5 auf Seite 56

terentwickelt werden. Auch im Hinblick auf die finanziellen Auswirkungen des Risikos bietet der IT-Grundschutz mit dem BSI-Standard 100-4[166] eine Methode, diese sichtbar zu machen. Die Quantifizierung in monetären Summen erfolgt allerdings nicht und soll ergänzt werden. Die Einteilung in logische Betrachtungsebene wird analog zum Modell der Automatisierungspyramide[167] erfolgen.

4.3 Vernetzung in der Produktion neu bewertet – die VIP-Bewertungsmethode

Nachdem die relevanten Methoden und Modelle für die Entwicklung einer IT-Risiko-Bewertungsmethode selektiert wurden, kann im Folgenden dargestellt werden, an welcher Stelle welche Elemente der ausgewählten Modelle und Methoden in die Bewertungsmethode eingeflossen sind. Der Methode wird zugrunde gelegt, dass IT zum Einsatz kommt, um Geschäftsprozesse bestmöglich zu unterstützen. Daraus folgt, dass sie immer auf Basis der Geschäftsprozesse, analog zum Notfallmanagement, wie es im BSI-Standard 100-4[168] beschrieben ist, Anwendung findet. Im konkreten Fall sind es die Geschäftsprozesse einer Automobilproduktion eingeteilt nach den vier Gewerken die durch IT unterstützt werden. Basierend auf dem Szenario, wie es in Kapitel 4.1 dargestellt wurde, sind es die IT-Risiken einer Automobilproduktion die bewertet werden müssen. Die technische Untergliederung der Geschäftsprozesse erfolgt durch Anwendung der Automatisierungspyramide samt ihrer fünf Ebenen[169]. Die Abhängigkeit zwischen verschiedenen Ebenen spiegelt hierbei die Vernetzung in der Produktion wider. Die Bewertung des Risikos, das sich durch diese Vernetzung ergibt, erfolgt auf Basis der in den IT-Grundschutz-Katalogen getroffenen Aussagen, die auf die jeweiligen Geschäftsprozesse und die jeweiligen Automatisierungsebenen angewandt werden. Zusammengefasst ergibt sich für die Bewertungsmethode also eine Struktur, wie sie in Abbildung 21 auf der folgenden Seite visualisiert ist.

---

[166] Vgl. Seite 44
[167] Vgl. Abbildung 17 auf Seite 91
[168] Vgl. Seite BSI-Standard 100-4
[169] Vgl. Seite 44

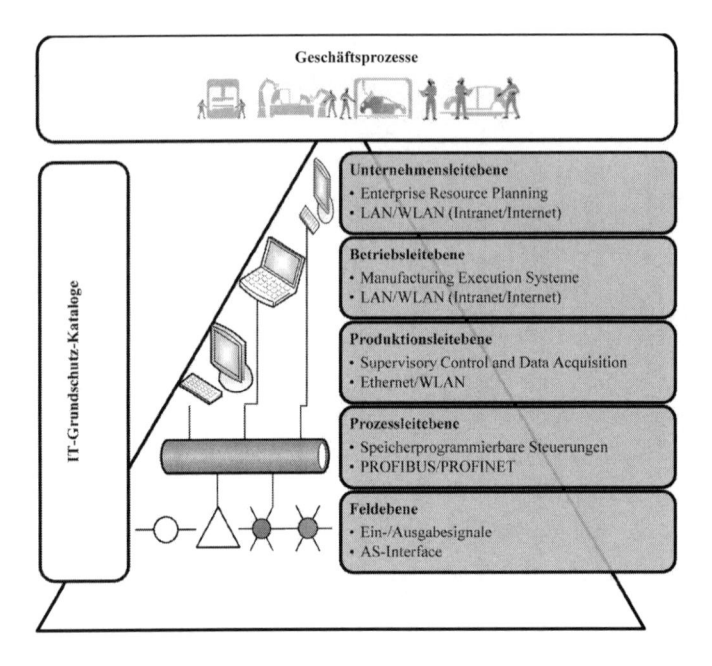

Abbildung 21: Bestandteile der Bewertungsmethode[170]

Die Bewertungsmethode muss über die verschiedenen Betrachtungsebenen hinweg transparent sein. Wird beispielsweise ein Gesamtrisiko für die Feldebene angegeben, muss erkennbar sein, aus welchen Einzelrisiken sich dieses Gesamtrisiko zusammensetzt. Gleiches gilt, wenn Risiken aus Sicht der Geschäftsprozesse – im konkreten Fall der Gewerke – zusammengefasst betrachtet werden.

In der Konsequenz bedeutet das, dass die Bewertung eines spezifischen Risikos Auswirkungen auf die verschiedenen Betrachtungsebenen hat. Es ist daher unumgänglich, die Betrachtungsebenen klar zu definieren. Die oberste Betrachtungsebene eines IT-Risikos spiegelt sich im Geschäftsbericht wider. Bereits in der Einleitung wurde am Beispiel einer Wurmattacke in 2005 verdeutlicht, dass sich die tatsächlichen IT-Risiken auf der Ebene des Geschäftsberichtes häufig nicht wiederfinden.

---

[170] Eigene Darstellung; vgl. Abbildung 17 (S. 91) und Abbildung 15 (S. 89)

Um zu gewährleisten, dass eine Aggregation der IT-Risiken bis auf die Ebene des Geschäftsberichtes transparent erfolgen kann, ist es unumgänglich, die Anforderungen und Betrachtungsebenen eines Geschäftsberichtes bei der Entwicklung der Bewertungsmethode mit einfließen zu lassen. Neben der Sichtung der DRS 20 Vorgaben, wie sie im vorherigen Kapitel durchgeführt wurden, erfolgt eine beispielhafte Sichtung von Risikoberichten innerhalb der Geschäftsberichte der drei deutschen Premiumhersteller[171] Audi, BMW und Daimler. Zusätzlich wurde mit einem Geschäftsbericht von Bayer ein Beispiel eines nicht der Automobilbranche zugehörigen Unternehmens betrachtet. In der folgenden Tabelle 14 sind die Abschnitte, die IT-Risiken beschreiben, samt einigen textuellen Auszügen aufgeführt.

---

[171] Vgl. Handelsblatt (2015)

Tabelle 14: IT-Risiken in Geschäftsberichten[172]

Bayer AG 20.3.2 Chancen- und Risikolage[173]

Informationstechnologie

„[...] Eine wesentliche technische Störung oder gar ein Ausfall der IT-Systeme kann zu einer gravierenden Beeinträchtigung unserer Geschäfts- und Produktionsprozesse führen [...] Ein Verlust der Vertraulichkeit, Integrität und Authentizität [...]"

Audi AG – Risiken und Chance des Audi Konzerns (Geschäftsbericht)[174]

Informations- und IT Risiken

„Dies kann grundsätzlich auch zu unserem Unternehmen zu unbefugten Datenzugriffen und -modifikationen in Verbindung mit Störungen unseres Geschäftsbetriebs führen."

Risiken aus der betrieblichen Tätigkeit

„Weiterhin kann eine Behinderung im Fertigungsprozess durch einen Ausfall der Energieversorgung oder durch technische Ausfälle, insbesondere bei EDV-Systemen, hervorgerufen werden. Die Risiken beinhalten ein grundsätzlich großes Schadenspotenzial, ihre Eintrittswahrscheinlichkeit wird hingegen als gering eingestuft."

Bayrische Motoren Werke AG – Risiko und Chancenbericht[175]

Klasse	Ergebnisauswirkung	Risikohöhe
Gering	> 0–500 Mio €	> 0–50 Mio €
Mittel	> 500–2.000 Mio. €	> 50–400 Mio. €
Hoch	> 2.000 Mio. €	> 400 Mio. €

Risiken aus Informationen, Datenschutz und IT

„[...] Der BMW Group können Schäden entstehen, wenn die Vertraulichkeit, Integrität und/oder Verfügbarkeit von schutzbedürftigen Informationen und Daten verletzt werden. [...] Technische Schutzmaßnahmen umfassen z. B. Virenschutz, Firewall-Systeme, Zugangs- und Zugriffskontrollen auf Betriebssystem- und Anwendungsebene [...] Risikohöhen im Zusammenhang mit Informations-, Datenschutz- und IT-Risiken werden als mittel eingestuft."

Risiken aus Produktion und Technologie

„Produktionsunterbrechungen und -ausfälle vor allem aufgrund von Brand, aber auch Ausfall aufgrund von Anlagen- bzw. Steuerungstechnik [...]"

---

[172] Eigene Darstellung
[173] Bayer AG (2015, S. 178–185)
[174] Audi AG (2015, S. 194–203)
[175] Bayrische Motoren Werke AG (2015, S. 70–81)

Daimler AG: Risiko- und Chancenbericht – Unternehmensspezifische Risiken und Chancen[176]

B.54 – Beurteilung Eintrittswahrscheinlichkeit/Mögliches Ausmaß

Stufe	Eintrittswahrscheinlichkeit
Niedrig	0 % < Eintrittswahrscheinlichkeit ≤ 33 %
Mittel	33 % < Eintrittswahrscheinlichkeit ≤ 66 %
Hoch	66 % < Eintrittswahrscheinlichkeit ≤ 100 %

Stufe	Mögliches Ausmaß		
Niedrig	0 € <	Ausmaß	< 500 Mio. €
Mittel	500 Mio. € ≤	Ausmaß	< 1 Mrd. €
Hoch		Ausmaß	≥ 1 Mrd. €

B.56 – Unternehmensspezifische Risiken/Chancen

Risikokategorie	Eintrittswahrscheinlichkeit	Ausmaß	Chancenkategorie	Ausmaß
Produktions- und Technologierisiken	niedrig	hoch	Produktions- und Technologiechancen	–
Informationstechnische Risiken	niedrig	mittel	Informationstechnische Chancen	–
Personalrisiken	mittel	hoch	Personalchancen	–
Risiken aus Beteiligungen/ Kooperationen	niedrig	mittel	Chancen aus Beteiligungen/Kooperationen	niedrig

Informationstechnische Risiken und Chancen

„[…] Risiken, die im Schadensfall eine Unterbrechung der Geschäftsprozesse aufgrund von IT-System-Ausfällen zur Folge haben oder den Verlust und die Verfälschung von Daten verursachen könnten, werden deshalb über den gesamten Lebenszyklus der Applikationen und IT-Systeme hinweg identifiziert und bewertet. […] Trotz aller Vorkehrungen können Störungen in der Informationstechnologie und dadurch negative Auswirkungen auf die Geschäftsprozesse nicht vollständig ausgeschlossen werden. Ausmaß und Eintrittswahrscheinlichkeit der IT-Risiken sind im Vergleich zum Vorjahr unverändert."

Produktions- und Technologierisiken und -chancen

„[…] Es besteht auch prinzipiell die Gefahr, dass aufgrund von Problemen oder Ausfällen bei Produktions- oder Fabrikanlagen das Produktionsniveau nicht auf dem geplanten Stand gehalten werden kann und folglich Kosten entstehen."

---

[176] Daimler AG (2015, S. 132–145)

Der Blick in die Geschäftsberichte zeigt, dass die informationstechnische Vernetzung in der Produktion für die ausgewählten Unternehmen so elementar wichtig ist, dass das Risiko eines IT-Ausfalls nicht nur in Rubriken wie Informations- und IT-Risiken betrachtet wird, sondern auch in Abschnitten über die betrieblichen Tätigkeiten. Orientiert man sich an den ausgewählten Texten, ist eine Differenzierung zwischen Verfügbarkeit, Vertraulichkeit und Integrität von Information erwünscht. Die Bewertung eines Risikos muss also auch diese drei Gesichtspunkte und die Auswirkungen auf die betriebliche Tätigkeit, d. h. die Produktion, berücksichtigen. Dem Geschäftsbericht der Daimler AG ist zu entnehmen, dass sowohl Eintrittswahrscheinlichkeit als auch Ausmaß der Risiko- und Chancenkategorien in drei Stufen bewertet werden. Die drei Stufen ‚niedrig', ‚mittel' und ‚hoch' haben auch Wahrscheinlichkeitswerte und monetäre Werte als Entsprechung, wie der dazugehörigen Tabelle zu entnehmen ist. Eine solche Unterscheidung zwischen Eintrittswahrscheinlichkeit und finanziellem Ausmaß ist sinnvoll. Ob solch eine differenzierte Betrachtung auch unterhalb der Geschäftsberichtsebene angeführt werden sollte, ist jedoch zu diskutieren. Nicht zur Diskussion steht allerdings die Frage, ob die Betrachtung eines IT-Risikos aus mehreren Perspektiven sinnvoll ist, sondern nur wie eine klare Unterscheidung der Betrachtungsebenen geschaffen werden kann. Im Fall der Geschäftsberichte sollte es zwei Unterkategorien geben, die sich an den existierenden Kategorien orientieren. Im Fall der Audi AG sind diese Kategorien die ‚Informations- und IT-Risiken' und ‚Risiken aus betrieblichen Tätigkeiten'. Es ist davon auszugehen, dass innerhalb der Kategorie der Informations- und IT-Risiken das gesamte Unternehmen betrachtet wird und innerhalb der Kategorie der Risiken aus betrieblichen Tätigkeiten u. a. die Produktion und das Risiko von technischen Ausfällen betrachtet wird. Der Fokus der Dissertation liegt auf den Risiken, die sich durch die Vernetzung in der Produktion ergeben. Mit den Unterkategorien der ‚Informations- und IT-Risiken in der Produktion' und den ‚Produktionsrisiken durch die IT', ist es möglich, diesen Fokus auch innerhalb der bestehenden Kategorien zu setzen. Die Unterschiede der begrifflich sehr ähnlichen Betrachtungsebene sind in Abbildung 22 illustriert.

4.3 Vernetzung in der Produktion neu bewertet

```
┌─────────────────────────────────────────────────────────┐
│  Informations- und IT-Risiken der Produktion            │
│                                                         │
│                ┌──────────────────────────────────────┐ │
│                │  Produktionsrisiken durch die IT     │ │
│  ┌──────────┐  │                                      │ │
│  │Vertrau-  │  │  ┌───────────┐   ┌─────────────┐    │ │
│  │lichkeit  │  │  │ Integrität│   │Verfügbarkeit│    │ │
│  │          │  │  └───────────┘   └─────────────┘    │ │
│  └──────────┘  └──────────────────────────────────────┘ │
└─────────────────────────────────────────────────────────┘
```

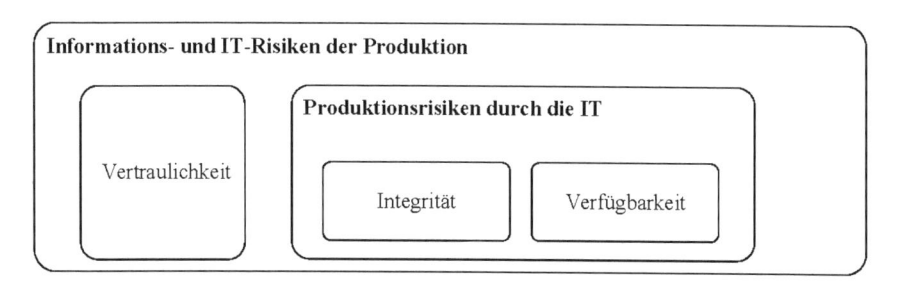

Abbildung 22:   IT-Risiken in der Produktion[177]

Die Produktionsrisiken durch die IT werden als Teilmenge der Informations- und IT-Risiken der Produktion definiert. Als Grundlage dieser Überlegung dienen die drei Merkmale Verfügbarkeit, Vertraulichkeit und Integrität, die sich im Rahmen dieser Arbeit als Kernmerkmale von IT-Risiken herauskristallisiert haben. Demzufolge sind alle drei Merkmale zu betrachten, wenn man das Informations- und IT-Risiko der Produktion bewerten möchte.

Um die Frage, welche Produktionsrisiken durch die IT bestehen, beantworten zu können, müssen lediglich zwei der drei Merkmale berücksichtigt werden, denn auch wenn die Vertraulichkeit der Informationen nicht mehr gewährleistet ist, ist es möglich, diese weiterhin zu verarbeiten und den Produktionsprozess zu unterstützen. Beim Verlust der Integrität ist es möglich, dass unkorrekte Informationen bzw. unkorrekte Daten zur Ansteuerung von Produktionsanlagen genutzt werden. Das kann unmittelbare Auswirkungen auf die Produktionsprozesse haben. Zum Erliegen kommt der Produktionsprozess dann, wenn die benötigten Daten und Informationen nicht mehr verfügbar sind. Mit der Risikobewertung des Verlustes der Verfügbarkeit, Vertraulichkeit und Integrität von Informationen, können also die für den Risikobericht relevanten Inhalte geliefert werden.

An Abbildung 23 auf der folgenden Seite orientiert sich auch die Entwicklung der Bewertungsmethode. Nachdem die Inhalte der Risikobewertung festgelegt und

---

[177] Eigene Darstellung

sowohl die Geschäftsprozesse einer Automobilproduktion als auch die verschiedenen Automatisierungsebenen ausreichend beschrieben wurden, besteht die Herausforderung darin, festzulegen, wie die einzelnen Systeme der verschiedenen Automatisierungsebenen hinsichtlich ihrer Risiken auf Basis der IT-Grundschutz-Kataloge bewertet werden können. Um die Skalierung der Bewertung festzulegen, muss als Erstes das zu erreichende Maximum respektive Minimum definiert werden. Hier finden die angeführten Risikostrategien des BSI-Standards 100-3 Berücksichtigung, konkret: die Übernahme, der Transfer, die Vermeidung und die Reduktion der Risiken. Für die Bewertungsmethode wird die Risikovermeidung bzw. Reduktion als Maxime gesetzt. Demzufolge ist ein möglichst geringes Risiko erstrebenswert, verbunden mit der Frage, wie genau dieses definiert ist und wann es vorliegt.

Risikobericht innerhalb des Geschäftsberichts
Inhalte der Risikobewertung

Geschäftsprozesse einer Automobilproduktion
Struktur der Risikobewertung

Automatisierungsebenen
Ebenen der Risikobewertung

IT-Grundschutz-Kataloge
Durchführung der Risikobewertung

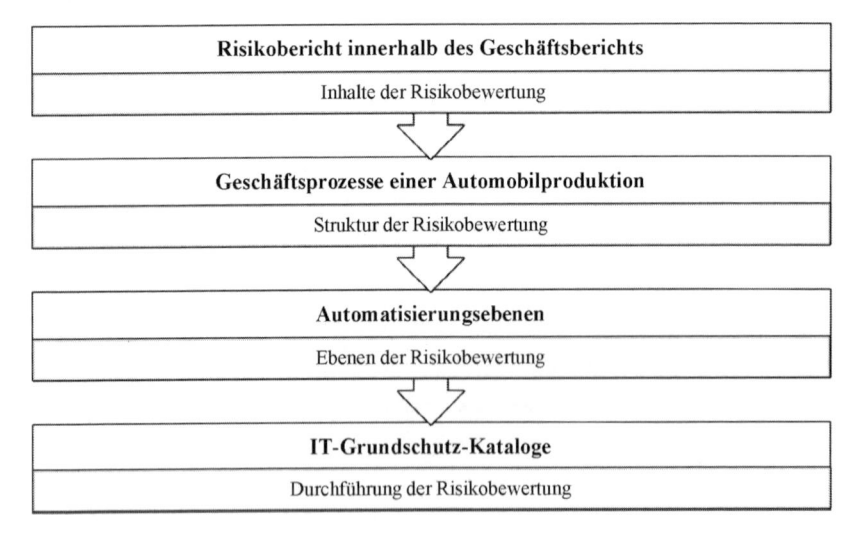

Abbildung 23: Aufbau der Risikobewertungsmethode[178]

---

[178] Eigene Darstellung

Eine erste Definition ist, dass nicht das Bruttorisiko, sondern das Nettorisiko, sprich das nach der Umsetzung von Maßnahmen verbleibende Risiko, bewertet wird und somit eine zukunftsorientierte Risikoabschätzung stattfindet[179]. Orientierung für eine solche Vorgehensweise bietet die Zertifizierung nach ISO 27001 entsprechend der IT-Grundschutz-Kataloge[180]. Sie erfolgt auf Basis der durchgeführten Maßnahmen. „Durch eine Zertifizierung wird nachgewiesen, dass in einen IT-Verbund die Standardsicherheitsmaßnahmen nach IT-Grundschutz umgesetzt wurden."[181] Nachzuweisen sind Maßnahmen mit den Qualifizierungsstufen ‚A' (Einstieg), ‚B' (Aufbau) und ‚C' (Zertifikat). Darüber hinaus existieren Maßnahmen mit den Qualifizierungsstufen ‚Z' (zusätzlich) und ‚W' (Wissen). Alle Qualifizierungsstufen sind samt Beschreibung in Tabelle 15 auf Seite 113 nachzulesen.

Bevor detailliert auf die Zertifizierung nach ISO 27001 auf Basis der IT-Grundschutz-Kataloge eingegangen wird, sei noch mal auf die Praxis Relevanz des ISO 2700x-Standards und der IT-Grundschutz-Kataloge verwiesen. Sie bilden in umgekehrter Reihenfolge zur Nennung die in der Praxis relevantesten Standards.[182] Ein Blick in den Geschäftsbericht der BMW AG bestätigt dies. „Informationssicherheit ist fester Bestandteil der Geschäftsprozesse und richtet sich nach dem internationalen Sicherheitsstandard ISO/IEC 27001."[183] Diese Aussage liefert ein weiteres Argument, sich an der Zertifizierung nach ISO 27001 auf Basis der IT-Grundschutz-Kataloge zu orientieren. Wie bereits aufgeführt, setzt die Zertifizierung voraus, dass alle Maßnahmen der Qualifizierungsstufe C, B und A umgesetzt wurden. Für Unternehmen mit zusätzlichen Sicherheitsanforderungen gibt es auch Maßnahmen mit der Qualifizierungsstufe Z. Nach Sichtung der Maßnahmen im Kontext der Dissertation kann festgehalten werden, dass zur Gewährleistung eines geringen IT-Risikos auch die Maßnahmen der Qualifizierungsstufe Z umgesetzt sein müssen. Gemäß dieser Setzung wurde – wie in der folgenden Ab-

---

[179] Vgl. Müller (2014, S. 141); Klipper (2011, S. 37–38)
[180] Vgl. den Ausführungen im Zuge der Erläuterung der IT-Grundschutz-Kataloge, ab S. 35
[181] Bundesamt für Sicherheit in der Informationstechnik (2014)
[182] Vgl. Abbildung 6 auf Seite 48
[183] Bayrische Motoren Werke AG (2015, S. 77)

bildung visualisiert – eine Zuordnung zwischen Qualifizierungsstufe der Maßnahme und der Risikostufe nach Umsetzung dieser Maßnahme, vorgenommen. Es ergeben sich somit fünf Risikostufen: Sehr niedrig, Niedrig, Mittel, Hoch und Sehr hoch. Als Sehr hoch ist das Risiko dann einzustufen, wenn die Maßnahmen der Qualifizierungsstufe A (Einstieg) nicht umgesetzt wurden. Sehr niedrig hingegen ist das Risiko dann, wenn alle Maßnahmen bis einschließlich der Qualifizierungsstufe Z umgesetzt wurden. Es folgt die konkrete Selektion von Maßnahmen, deren Erfüllung oder nicht Erfüllung ausschlaggebend für die Risikobewertung sein wird. Als Vorarbeit gilt es, die Bausteine aus den IT-Grundschutz-Katalogen zu selektieren. Aus diesen ergeben sich dann die zu treffenden Maßnahmen.

Die Zuordnung der Bausteine je Automatisierungsebene erfolgt auf Basis eines vereinfachten Aufbaus eines Produktionsleitsystems und ist in Abbildung 24 auf Seite 114 dargestellt.

4.3 Vernetzung in der Produktion neu bewertet

Tabelle 15: Zuordnung der Qualifizierungsstufen zu Risikostufen[184]

Qualifizierungsstufe	Beschreibung	Risikostufe, wenn umgesetzt
Keine	Keine Maßnahmen sind umgesetzt.	Sehr hoch
A (Einstieg)	Diese Maßnahmen müssen für alle drei Ausprägungen der Qualifizierung nach IT-Grundschutz (Auditor-Testat „IT-Grundschutz Einstiegsstufe", Auditor-Testat „IT-Grundschutz Aufbaustufe" und ISO 27001-Zertifikat auf Basis von IT-Grundschutz) umgesetzt sein. Diese Maßnahmen sind essenziell für die Sicherheit innerhalb des betrachteten Bausteins. Sie sind vorrangig umzusetzen.	Hoch
B (Aufbau)	Diese Maßnahmen müssen für das Auditor-Testat „IT-Grundschutz Aufbaustufe" und für das ISO 27001-Zertifikat auf Basis von IT-Grundschutz umgesetzt sein. Sie sind besonders wichtig für den Aufbau einer kontrollierbaren Informationssicherheit. Eine zügige Realisierung ist anzustreben.	Mittel
C (Zertifikat)	Diese Maßnahmen müssen für das ISO 27001-Zertifikat auf Basis von IT-Grundschutz umgesetzt sein. Sie sind wichtig für die Abrundung der Informationssicherheit. Bei Engpässen können sie zeitlich nachrangig umgesetzt werden.	Niedrig
Z (zusätzlich)	Diese Maßnahmen müssen weder für ein Auditor-Testat noch für das ISO 27001-Zertifikat auf Basis von IT-Grundschutz verbindlich umgesetzt werden. Sie stellen Ergänzungen dar, die vor allem bei höheren Sicherheitsanforderungen hilfreich sein können.	Sehr niedrig
W (Wissen)	Diese Maßnahmen dienen der Vermittlung von Grundlagen und Kenntnissen, die für das Verständnis und die Umsetzung der anderen Maßnahmen hilfreich sind. Sie müssen weder für ein Auditor-Testat noch für das ISO 27001-Zertifikat auf Basis von IT-Grundschutz geprüft werden.	Keine

---

[184] Eigene Darstellung; vgl. Bundesamt für Sicherheit in der Informationstechnik (2013, S. 1.3–9)

4 Die Ergebnisse der Arbeit

ERP-System
B 5.25 Allgemeine Anwendungen
B 3.101 Allgemeiner Server

Anbindung zur Unternehmensleitebene und zu anderen Gewerken – B 4.1 Heterogene Netze

Message Queue
B 5.25 Allgemeine Anwendungen
B 3.101 Allgemeiner Server

Anbindung zur Produktionsleitebene und zu anderen Gewerken – B 4.1 Heterogene Netze

Produktionsleittechnik Server
B 5.21 Webanwendungen
B 3.101 Allgemeiner Server

Anbindung
B 4.6 WLAN

Manuelle Eingabe (PDA)
B 3.405 Smartphones, Tablets und PDAs

Anlagen-PC
B 3.201 Allgemeiner Client

SPS
B 3.201 Allgemeiner Client

Ident-IF
B 5.25 Allg. Anwendungen
B 3.101 Allgemeiner Server

Anbindung zur Prozessleitebene und zu anderen Gewerken – B 4.1 Heterogene Netze

Produktionsanlage
z. B. Prüfstand

Produktionsanlage
z. B. Roboter

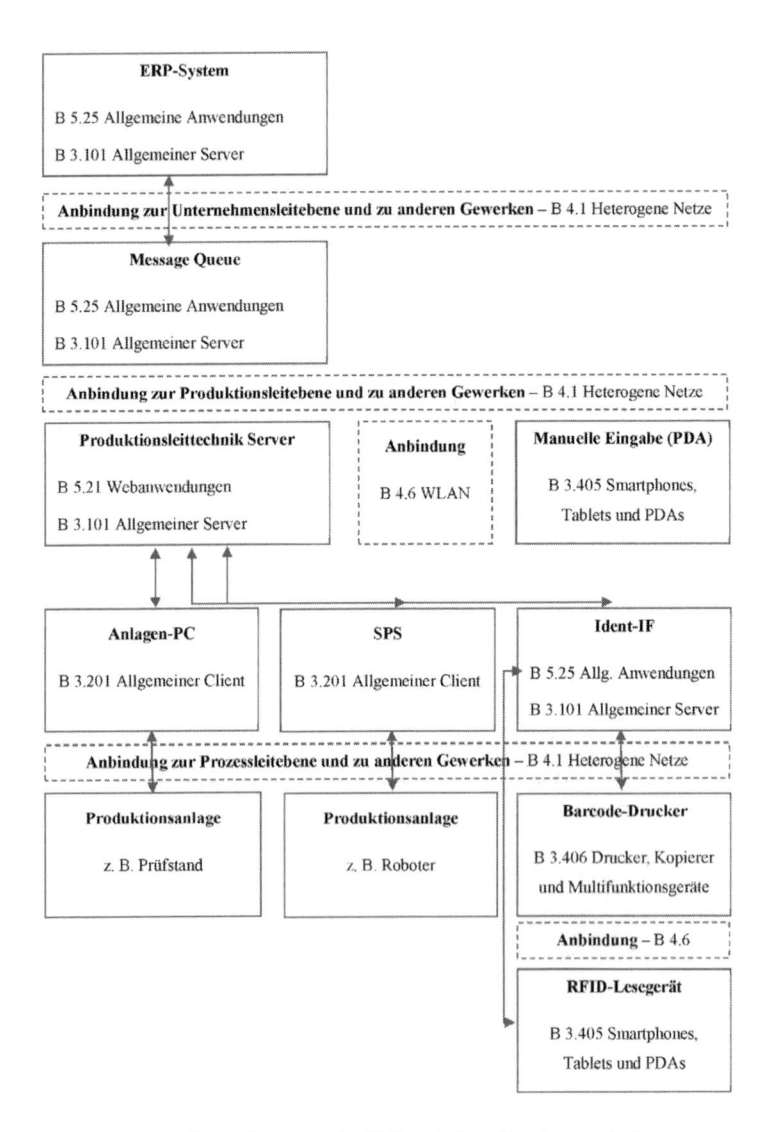

Barcode-Drucker
B 3.406 Drucker, Kopierer und Multifunktionsgeräte

Anbindung – B 4.6

RFID-Lesegerät
B 3.405 Smartphones, Tablets und PDAs

Abbildung 24: Zuordnung Bausteine der IT-Grundschutz-Kataloge zu Aufbau Produktionsleitsystems[185]

---

[185] Eigene Darstellung

Die Bausteine aus den IT-Grundschutz-Katalogen wurden so konkret wie möglich ausgesucht. Es wurden nur im Zweifel allgemeine Bausteine gewählt. Im Fall des Produktionsleittechnik-Servers wurde aufgrund der vielen http-Schnittstellen[186] der Baustein einer Webanwendung ausgewählt und zur Vereinfachung die Zuordnung zur Produktionsebene getroffen.

Die Leitidee der Bewertungsmethode ist, dass eine individuelle Anpassung und Erweiterbarkeit möglich sein muss. Für weitere Elemente in einem Produktionsleitsystem bedeutet das, dass die Einordnung in eine Ebene der Automatisierungspyramide erfolgen und die Zuordnung zu einem Baustein aus den IT-Grundschutz-Katalogen getroffen werden muss. Anschließend müssen die Bausteine hinsichtlich der Gefahren, wie sie in Abbildung 22 auf Seite 109 skizziert sind, bewertet werden. Dazu werden je Baustein die spezifischen Gefahren selektiert, die gemäß der getroffenen Definition von IT-Risiken in der Produktion eine eben solche Gefahr darstellen. Für den Baustein ‚B 3.201 Allgemeiner Client' ergibt sich die Zuordnung zu den IT-Risiken der Verfügbarkeit, Vertraulichkeit und Integrität zu den Gefahren ‚G 4.13 Verlust gespeicherter Daten', ‚G 5.71 Vertraulichkeitsverlust schützenswerter Informationen', ‚G 5.85 Integritätsverlust schützenswerter Informationen' aufgrund der Benennung nahezu zwangsläufig in der aufgeführten Reihenfolge. Die Gefahren ‚G 5.1 Manipulation oder Zerstörung von Geräten oder Zubehör' und ‚G 5.2 Manipulation an Informationen oder Software' stellen Gefahren für Verfügbarkeit, Vertraulichkeit und Integrität von Informationen dar und werden daher allen drei Risiken zugeordnet. Ergänzt man die zuletzt angeführte Abbildung um diese Sicht, ergibt sich in Abbildung 25 auf folgender Seite.

---

[186] Vgl. Abbildung 19 auf Seite 94

Informations- und IT-Risiken der Produktion

Vertraulichkeit	Produktionsrisiken durch die IT	
• G 5.71 Vertraulichkeitsverlust schützenswerter Informationen • 5.1 Manipulation oder Zerstörung von Geräten oder Zubehör • G 5.2 Manipulation an Informationen oder Software	**Integrität** • G 5.85 Integritätsverlust schützenswerter Informationen • 5.1 Manipulation oder Zerstörung von Geräten oder Zubehör • G 5.2 Manipulation an Informationen oder Software	**Verfügbarkeit** • G 4.13 Verlust gespeicherter Daten • 5.1 Manipulation oder Zerstörung von Geräten oder Zubehör • G 5.2 Manipulation an Informationen oder Software

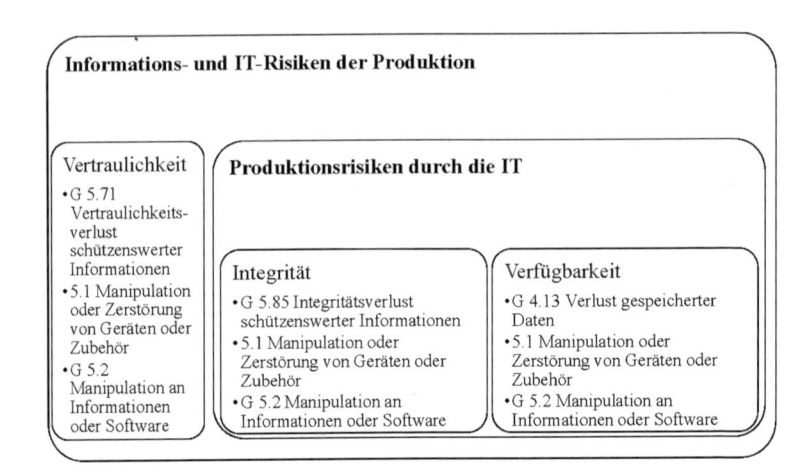

Abbildung 25: Zuordnung IT-Grundschutz Risiken Allgemeiner Client zu IT-Risiken in der Produktion[187]

Die Bewertung der selektierten Gefahren pro Baustein und damit der erste Schritt der Risikobewertung durch die Vernetzung in der Produktion orientiert sich an der Vorgehensweise der Zertifizierung nach ISO 27001 auf Basis von IT-Grundschutz[188], wie sie bereits thematisiert wurde. Dabei erfolgt die Bewertung anhand der umgesetzten Maßnahmen. Die auf Umsetzung zu prüfenden Maßnahmen können pro Baustein anhand der durch das BSI zur Verfügung gestellten Kreuzreferenztabellen[189] ermittelt werden. In den Kreuzreferenztabellen sind alle Maßnahmen und Gefahren eines Bausteines hinterlegt. Aus der Tabelle geht ebenfalls hervor, welche Maßnahme oder Maßnahmen die einzelnen Gefahren verhindern können. Die Umsetzung der so ermittelten, für die Elemente der Produktion relevanten Maßnahmen sollten im Idealfall nach ISO 27001 auf Basis von IT-Grundschutz[190] zertifiziert werden, und zwar bis hin zu Maßnahmen der Qualifizierungsstufe Z. Sind alle Maßnahmen umgesetzt, wären die IT-Risiken in der

---

[187] Eigene Darstellung
[188] Vgl. Seite 49
[189] Vgl. Bundesamt für Sicherheit in der Informationstechnik (2014)
[190] Vgl. Seite 49

4.3 Vernetzung in der Produktion neu bewertet

Produktion als Sehr niedrig anzusehen. Ob eine solche spezifische Zertifizierung möglich ist, ist nicht Gegenstand dieser Arbeit, wäre aber aus Sicht des Autors sinnvoll, da eine externe Zertifizierung bzw. Prüfung hilfreich für die Transparenz und die Vertrauenswürdigkeit ist. Sollte sie nicht erfolgen können, ist sicherlich die Überprüfung der Maßnahmen durch den in den Maßnahmen festgelegten Initiator hilfreich. Dieser Initiator kann sich bei der Prüfung an den in den Maßnahmen hinterlegten Prüffragen orientieren. Der Tabelle 16 auf Seite 118 ist die Zuordnung der selektierten Gefahren eines Bausteins – gemäß der gerade beschriebenen Methode – zu den entsprechenden Maßnahmen zu entnehmen. Die für die Bewertung der Risiken relevante Risikoeinstufung eines Bausteins ist ebenfalls der genannten Tabelle, an einem Beispiel eines Anlagen-PCs aus dem Gewerk Karosseriebau, zu entnehmen. Um diese Risikoeinstufung pro Gefahr treffen zu können, muss festgelegt werden, wie das Risiko mehrerer nicht umgesetzter Maßnahmen aggregiert wird. Nach Ansicht des Autors ist es hierbei weder sinnvoll, einen Durchschnittswert zu bilden noch eine Gewichtung durchzuführen. Daher gilt, dass zur Erreichung einer Risikostufe – beispielsweise Sehr niedrig – alle einer Gefahr zugeordneten Maßnahmen der Qualifizierungsstufen Z und höher, also C, B und A, umgesetzt sein müssen. Für Maßnahmen, die weniger Qualifizierungsstufen haben, beispielsweise nur A, wird festgelegt, dass die Extremwerte Sehr hoch und Sehr niedrig bestehen bleiben. Sind die Maßnahmen der Qualifizierungsstufe A nicht umgesetzt, ist das Risiko Sehr hoch. Sind sie umgesetzt, ist das Risiko Sehr niedrig. Sind Maßnahmen nur mit den Qualifizierungsstufen A und Z vorhanden, gibt es drei Risikostufen: Sehr hoch, Mittel und Sehr niedrig. Diese Logik greift bei zwei Qualifizierungsstufen grundsätzlich. Der Grundsatz besteht auch bei einer anderen Anzahl von Stufen darin, dass die Extremwerte bestehen bleiben. Zur Erhöhung der Transparenz wird bei jeder Bewertung die Zuordnung der Qualifizierungsstufe zur Risikostufe pro Gefahr vermerkt. Der einleitend beschriebene Vorfall, bei dem die Nutzung eines Anlagen-PCs zum Abspielen der auf einem USB-Stick abgespeicherten Musikdateien eine komplette Produktionsstraße lahm legte, wird als Fallbeispiel genutzt, um zu analysieren, ob die entwickelte Bewertungsmethode anwendbar ist.

Tabelle 16: B 3.201 Allgemeiner Client – Zuordnung von kontrollierten Maßnahmen zu Gefahren[191]

Geschäftsprozess: Karosseriebau Automatisierungsebene: Prozessleitebene Element: Anlagen-PC Baustein: 3.201 Allgemeiner Client	G 4.13 Verlust gespeicherter Daten	G 5.1 Manipulation oder Zerstörung von Geräten oder Zubehör	G 5.2 Manipulation an Informationen oder Software	G 5.71 Vertraulichkeitsverlust schützenswerter Informationen	G 5.85 Integritätsverlust schützenswerter Informationen
Risikostufe des Bausteins	**Sehr hoch (<A)**	**Niedrig (C)**	**Sehr hoch (<A)**	**Mittel (B)**	**Sehr hoch (<A)**
M 2.23 Herausgabe einer PC-Richtlinie (Planung und Konzeption)		i. O. (Z)	i. O (Z)		
M 2.321 Planung des Einsatzes von Client-Server-Netzen (Planung und Konzeption)			i. O. (A)		
M 2.322 Festlegen einer Sicherheitsrichtlinie für ein Client-Server-Netz (Planung und Konzeption)			i. O. (A)		
M 2.323 Geregelte Außerbetriebnahme eines Clients (Aussonderung)	i. O. (A)				
M 3.18 Verpflichtung der Benutzer zum Abmelden nach Aufgabenerfüllung (Betrieb)			i. O. (A)		
M 4.2 Bildschirmsperre (Betrieb)			i. O. (A)		
M 4.3 Einsatz von Viren-Schutzprogrammen (Betrieb)	n. i. O. (A)		n. i. O. (A)	n. i. O. (A)	n. i. O. (A)

---

[191] Eigene Darstellung; vgl. Bundesamt für Sicherheit in der Informationstechnik (2013, S. B 3.201); Bundesamt für Sicherheit in der Informationstechnik (2014)

4.3 Vernetzung in der Produktion neu bewertet

M 4.4 Geeigneter Umgang mit Laufwerken für Wechselmedien und externen Datenspeichern (Betrieb)		i. O. (C)	i. O. (C)		
M 4.40 Verhinderung der unautorisierten Nutzung von Rechnermikrofonen und Kameras (Umsetzung)				i. O. (C)	
M 4.41 Einsatz angemessener Sicherheitsprodukte für IT-Systeme (Planung und Konzeption)			n. i. O. (Z)		
M 4.200 Umgang mit USB-Speichermedien (Betrieb)		n. i. O. (Z)	n. i. O. (Z)		
M 4.237 Sichere Grundkonfiguration eines IT-Systems (Umsetzung)			i. O. (A)	i. O. (A)	i. O. (A)
M 4.238 Einsatz eines lokalen Paketfilters (Betrieb)			n. i. O. (A)		
M 4.241 Sicherer Betrieb von Clients (Betrieb)			i. O. (A)		
M 4.242 Einrichten einer Referenzinstallation für Clients (Betrieb)			i. O. (Z)		
M 5.45 Sichere Nutzung von Browsern (Betrieb)			i. O. (B)		
M 5.66 Clientseitige Verwendung von SSL/TLS (Planung und Konzeption)			i. O. (B)	i. O. (B)	i. O. (B)
M 6.24 Erstellen eines Notfall-Bootmediums (Notfallversorgung)	i. O. (A)				
M 6.32 Regelmäßige Datensicherung (Notfallversorgung)	i. O. (A)		i. O. (A)		i. O. (A)
Zuordnung Qualifizierungsstufen zu Risikostufen					
Sehr niedrig	A	Z	Z	C	A
Niedrig		C	C		
Mittel		B	B	B	
Hoch		A	A		
Sehr hoch	< A	< A	< A	< A	< A

Ausschlaggebend für die Risikoeinstufung, wie sie Tabelle 16 auf Seite 118 zu entnehmen ist, ist die Bewertung der Maßnahmen hinsichtlich ihrer Umsetzung. Die Kennzeichnung, ob eine Maßnahme durchgeführt wurde oder nicht, erfolgt mit ‚i. O.' (in Ordnung) und ‚n. i. O.' (nicht in Ordnung). Dahinter wird notiert, welcher Qualifizierungsstufe diese Maßnahme entspricht. Für das Ergebnis wird notiert, bis zu welcher Qualifizierungsstufe Maßnahmen umgesetzt wurden und anhand der Zuordnung eine Risikostufe vergeben. Für das Fallbeispiel wurde auf Basis der vorliegenden Informationen eingeschätzt, welche Maßnahmen wahrscheinlich nicht umgesetzt wurden und festgelegt, dass der Anlagen-PC im Geschäftsprozess Karosseriebau genutzt wurde. Nach eigener Einschätzung sind ‚M 4.3 Einsatz von Viren-Schutzprogrammen', ‚M 4.41 Einsatz angemessener Sicherheitsprodukte für IT-Systeme', ‚M 4.200 Umgang mit USB-Speichermedien' und ‚M 4.4 Geeigneter Umgang mit Laufwerken für Wechselmedien und externen Datenspeichern' Maßnahmen, die nicht umgesetzt wurden. Wären sie umgesetzt worden, wäre ein Virenschutz auf dem Anlagen-PC installiert und die Nutzung von USB-Sticks eingeschränkt gewesen.[192] Die Prüffrage der Maßnahme ‚M 4.4 Geeigneter Umgang mit Laufwerken für Wechselmedien und externen Datenspeichern': „Werden technische Maßnahmen ergriffen, um den unautorisierten Anschluss von externen Geräten und Datenträgern zu verhindern?"[193], unterstreicht diese Vermutung. Im konkreten Fallbeispiel hätte durch die Umsetzung aller Maßnahmen der Vorfall verhindert werden können. Das Gegenteil ist eingetreten und daher werden auch die daraus resultierenden, sehr hohen Risikostufen für die weitere Betrachtung herangezogen. Zur besseren Orientierung sind Ergebnisse, die für die nächsten Schritte der Risikobewertung genutzt werden, sowohl in den Ursprungstabellen als auch in den Zieltabellen markiert. Die Bewertung, wie sie für den Anlagen-PC des Karosseriebaus durchgeführt wurde, muss für jedes weitere Element der Automatisierungspyramide durchgeführt werden. Hierzu soll die Zuordnung von Elementen der Produktionsleitsysteme zu den Bausteinen gemäß Abbildung 24 auf der Seite 114 genutzt werden. Die in Hinblick auf die Risiken für

---

[192] Vgl. Bundesamt für Sicherheit in der Informationstechnik (2013, S. M 4.3–M 4.4)
[193] Vgl. Bundesamt für Sicherheit in der Informationstechnik (2013, S. M 4.4)

4.3 Vernetzung in der Produktion neu bewertet

die Verfügbarkeit, Vertraulichkeit und Integrität von Informationen mit den Bausteinen korrespondierenden Gefahren sind in Tabelle 22 auf Seite 155 nachzulesen. Entsprechend der Zuordnung von Elementen der Produktionsleitsysteme zu Bausteinen der IT-Grundschutz-Kataloge und Automatisierungsstufen besteht auch hier die Möglichkeit der individuellen Anpassung – falls z. B. die in den IT-Grundschutz-Katalogen hinterlegten Maßnahmen nicht als ausreichend angesehen werden, solange die Prämisse der durchgängigen Transparenz durch eine einsehbare Zuordnung gegeben ist. Die Vorgehensweise, wie sie pro IT-Element der Produktion durchzuführen ist, ist in Abbildung 26 zusammengefasst.

| Einordnung des IT-Elements der Produktion in eine Automatisierungsstufe und Zuordnung eines Bausteins des IT-Grundschutzes | ➡ | Auswahl der Gefahren des Bausteines, die den Gefahren für Verfügbarkeit, Vertraulichkeit und Integrität zuzuordnen sind | ➡ | Bewertung der Gefahren auf Basis der Umsetzung der zu den Gefahren zugehörigen Maßnahmen pro Baustein |

Abbildung 26: Ablauf Risikobewertung pro Baustein[194]

Um dem Umfang des Fallbeispiels gerecht zu werden, muss die Risikobewertung auf Basis von Bausteinen, wie definiert, um eine Bewertung über alle Automatisierungsebenen und Geschäftsprozesse hinweg ergänzt werden. Zwar beschreibt der Baustein B 3.201 Allgemeiner Client, im Gegensatz zu B 3.202 Allgemeines nicht vernetztes IT-System' – einem System, dessen Verbindung zum Netzwerk nicht durch eine Firewall gefiltert, sondern physisch nicht gegeben ist – zwar bereits einige Gefahren, die sich durch die Vernetzung ergeben, aber nicht im ausreichenden Umfang. Ergänzend muss daher zum einen sichergestellt werden, dass durch die Form der Risikoaggregation gewährleistet wird, dass ein hoch kritischer vernetzter Client sich auf die Risikostufe der gesamten Produktion auswirkt und zum anderen, dass die Vernetzung explizit bewertet wird. Hierzu können die Bau-

---

[194] Eigene Darstellung

steine B 4.1 Heterogene Netze und ‚B 4.6 WLAN' genutzt werden, um nach bekannter Methodik eine Bewertung durchzuführen. Abbildung 24 auf Seite 114 stellt diese Bausteine als Verbindungs- bzw. Transportschicht zur nächst höheren Ebene der Automatisierungspyramide, als Verbindungs- bzw. Transportschicht auf derselben Ebene und als Verbindungs- bzw. Transportschicht zu anderen Gewerken dar. Die erste Überlegung ist, dass von der untersten Ebene der Automatisierungspyramide, also der Feldebene, nur Kommunikation von oder zur nächst höheren Ebene, also der Prozessleitebene, stattfindet. Folglich hat bis auf die Unternehmensleitebene jede Ebene eine dazugehörige Transportschicht und muss pro Ebene bewertet werden. Zusätzlich findet in einigen Fällen auch Kommunikation auf derselben Ebene statt, z. B. auf der Produktionsleitebene bei manuellen Eingaben mittels PDA. Da das Modell der Automatisierungspyramide auf die gesamte Produktion angewendet werden kann, bei der gewählten Vorgehensweise aber nur auf einzelne Geschäftsprozesse bzw. Gewerke angewendet wird, muss auch die Kommunikation zwischen den Gewerken betrachtet werden. Ein Beispiel ist der Server des Produktionsleitsystems. Zu diesem kommunizieren üblicherweise alle Gewerke. In vielen Fällen bedeutet dies, dass die Bausteine B 4.1 Heterogene Netze und B 4.6 WLAN innerhalb einer Ebene mehrfach, aber unter anderen Gesichtspunkten bewertet werden müssen. Betreffend beispielsweise der Segmentierung ‚M 5.61 Geeignete physikalische Segmentierung' und ‚M 5.62 Geeignete logische Segmentierung', sollte es einen Unterschied machen, ob die Kommunikation innerhalb einer Automatisierungsebene eines Geschäftsprozesses betrachtet wird oder die Kommunikation zwischen den Geschäftsprozessen auf einer Automatisierungsebene. Auch im Hinblick auf die Verfügbarkeit des Netzwerkes bestehen für dieselben Maßnahmen je nach Automatisierungsebene teilweise andere Maßstäbe. Während auf der Feldebene die Häufigkeit der Datenübertragung im Millisekunden-Bereich liegt, liegt sie auf der Prozessleitebene im Sekunden-Bereich.[195] Diese Beispiele zeigen, dass viele getroffene Maßnahmen sich aufgrund der verschiedenen Anforderungen der Automatisierungsebenen und

---

[195] Vgl. Kropik (2009, S. 62)

der Geschäftsprozesse ähneln, doch sehr unterschiedlich ausgeprägt sind. Genau aus diesem Grund sollte eine Bewertung pro Baustein, je Geschäftsprozess und Automatisierungsebene stattfinden. Vorausgesetzt, dass für jede Ebene exakt die gleichen Maßnahmen getroffen wurden, kann diese Bewertung auch für andere Ebenen übernommen werden. Dies gilt natürlich auch für alle anderen Bausteine, sollte aber gründlich geprüft werden. Für das Fallbeispiel müssten neben der bereits auf der Basis von umgesetzten Maßnahmen erfolgten Risikobewertungen des Anlagen-PCs auch die SPS, der Ident-IF und die Anbindung zur Produktionsleitebene und zu den anderen Gewerken eingestuft werden. Einen noch höheren Detailierungsgrad erhält man, wenn die Bewertung für die Anbindung zu anderen Gewerken für jedes angebundene Gewerk einzeln geschieht. Um den nächsten Bewertungsschritt als Beispiel durchführen zu können, ist dies nicht relevant, daher wurden die Risikoeinstufungen nicht im Detail durchgeführt, sondern nur oberflächlich anhand der beschriebenen Situation. Berücksichtigt wurde, dass die Redundanz der Netzwerkkomponenten innerhalb der Produktionszelle nicht gegeben ist, bei der übergeordneten Kommunikation – also zu anderen Gewerken – hingegen schon.

Tabelle 17: Beispielhafte Risikobewertung der Prozessleitebene[196]

Geschäftsprozess: Karosseriebau Automatisierungsebene: Prozessleitebene	Verfügbarkeit	Vertraulichkeit	Integrität
Risikostufe der Ebene	**Sehr hoch**	**Sehr hoch**	**Sehr hoch**
Anbindung Produktionsleitebene – *B 4.1 Heterogene Netze*	Mittel	Sehr niedrig	Sehr niedrig
▪ G 3.5 Unbeabsichtigte Leitungsbeschädigung	Sehr niedrig (Z)		
▪ G 4.1 Ausfall der Stromversorgung	Mittel (A)		
▪ G 4.31 Ausfall oder Störung von Netzkomponenten	Mittel (B)		
▪ G 5.1 Manipulation oder Zerstörung von Geräten oder Zubehör	Sehr niedrig (Z)	Sehr niedrig (Z)	Sehr niedrig (Z)
▪ G 5.2 Manipulation an Informationen oder Software	Sehr niedrig (Z)	Sehr niedrig (Z)	Sehr niedrig (Z)
▪ G 5.7 Abhören von Leitungen	Sehr niedrig (Z)	Sehr niedrig (Z)	
Anbindung anderer Gewerke – *B 4.1 Heterogene Netze*	Sehr niedrig	Sehr niedrig	Sehr niedrig
▪ G 3.5 Unbeabsichtigte Leitungsbeschädigung	Sehr niedrig (Z)		
▪ G 4.1 Ausfall der Stromversorgung	Sehr niedrig (Z)		
▪ G 4.31 Ausfall oder Störung von Netzkomponenten	Sehr niedrig (Z)		
▪ G 5.1 Manipulation oder Zerstörung von Geräten oder Zubehör	Sehr niedrig (Z)	Sehr niedrig (Z)	Sehr niedrig (Z)
▪ G 5.2 Manipulation an Informationen oder Software	Sehr niedrig (Z)	Sehr niedrig (Z)	Sehr niedrig (Z)
▪ G 5.7 Abhören von Leitungen	Sehr niedrig (Z)	Sehr niedrig (Z)	

---

[196] Eigene Darstellung

4.3 Vernetzung in der Produktion neu bewertet

Geschäftsprozess: Karosseriebau Automatisierungsebene: Prozessleitebene	Verfügbarkeit	Vertraulichkeit	Integrität
Risikostufe der Ebene	**Sehr hoch**	**Sehr hoch**	**Sehr hoch**
Anlagen-PC – B 3.201 Allgemeiner Client	Sehr hoch	Sehr hoch	Sehr hoch
• G 4.13 Verlust gespeicherter Daten	Sehr hoch (<A)		
• G 5.1 Manipulation oder Zerstörung von Geräten oder Zubehör	Niedrig (C)	Niedrig (C)	Niedrig (C)
• G 5.2 Manipulation an Informationen oder Software	Sehr hoch (<A)	Sehr hoch (<A)	Sehr hoch (<A)
• G 5.71 Vertraulichkeitsverlust schützenswerter Informationen		Mittel (B)	
• G 5.85 Integritätsverlust schützenswerter Informationen			Sehr hoch (<A)
SPS – B 3.201 Allgemeiner Client	Sehr niedrig	Sehr niedrig	Sehr niedrig
• G 4.13 Verlust gespeicherter Daten	Sehr niedrig (A)		
• …..			
Ident-IF – B 3.101 Allgemeiner Server	Sehr niedrig	Sehr niedrig	Mittel
• G 4.1 Ausfall der Stromversorgung	Sehr niedrig (A)		
• …..			

In Tabelle 17 wurden die einzelnen Gefahren-Bausteine den Risiken für die Verfügbarkeit, Vertraulichkeit und Integrität von Informationen zugeordnet und für jedes dieser drei Risiken eine Risikoeinstufung für die komplette Prozessleitebene des Geschäftsprozesses des Karosseriebaus durchgeführt. Die Risikoaggregation erfolgt nach dem bisher bekannten Vorgehen. Eine andere Vorgehensweise muss dagegen bei der Risikoaggregation der Risikoeinstufungen der verschiedenen Automatisierungsebenen zu einer Risikoeinstufung für den ganzen Geschäftsprozess stattfinden. Ab diesem Bewertungsschritt empfiehlt es sich, eine Gewichtung innerhalb der Geschäftsprozesse pro Gefahr durchzuführen, um auch hier die Flexibilität der Bewertungsmethodik zu gewährleisten. Im bisherigen Verlauf der Bewertung wurden Befragungstechniken und Szenarioanalysen genutzt, um eine Quantifizierung der Risiken zu erreichen. Über die Gewichtung ist es möglich, auch stochastische Methoden einfließen zu lassen. So könnte die Gewichtung beispielsweise anhand der Eintrittswahrscheinlichkeit pro Automatisierungsebene erfolgen. Ebenfalls repräsentativ für die Eintrittswahrscheinlichkeit könnte sich die Gewichtung auch anhand der Anzahl an Elementen pro Automatisierungsebene orientieren. Am sinnvollsten erscheint es allerdings, die Gewichtung anhand der unterschiedlichen Auswirkungen zu treffen. Falls die Verfügbarkeit von Informationen auf der Feldebene nicht mehr gegeben ist, kommt die Produktion unmittelbar zum Erliegen. Ob die Produktion zum Erliegen kommt, wenn die Verfügbarkeit von Informationen auf der Produktionsleitebene nicht mehr gegeben ist, hängt davon ab, wie viele Informationen auf den einzelnen Ebenen zwischengespeichert werden und ob zusätzliche versteckte Redundanzen[197] – wie z. B. parallel laufende SPSen – vorliegen. Diese Vorgänge detailliert zu bewerten, ist, betrachtet man den Nutzen, zu aufwendig. Aus diesem Grund, und da den fünf Automatisierungsebenen eine ähnliche Wichtigkeit zugrunde gelegt ist, wird zur Gewichtung ebenfalls eine fünfstufige Skala genutzt, mit der maximalen Ausprägung Wichtigkeitsstufe ‚Sehr hoch'. Jegliche anders hergeleitete Gewichtung sollte transparent gemacht

---

[197] Vgl. im Detail dazu Kropik (2009, S. 203)

werden und sich an bestehenden Methoden, wie der Nutzwertanalyse[198], orientieren. Die Ermittlung der Risikostufe des gesamten Geschäftsprozesses erfolgt über den Mittelwert bzw. gewichteten Mittelwert. In Tabelle 18 auf folgender Seite ist zu sehen, welche Auswirkung der hoch kritische Client auf der Prozessleitebene auf das Gesamtergebnis hat. Sie ist, betrachtet man ihre Auswirkung auf das Gesamtergebnis, ausreichend. Inhaltlich ist dies insbesondere darin begründet, dass ein Blick auf die anderen Automatisierungsebenen darauf schließen lässt – aufgrund der Bewertungsmethode im Detail nachvollziehbar –, dass die dort eingesetzten Clients z. B. über einen Virenschutz verfügen und eine sinnvolle Segmentierung der Netzwerke vorliegt. Für das Fallbeispiel würde es z. B. bedeuten, dass die Kommunikation des infizierten Clients zu anderen Gewerken aufgrund der Netzwerksegmentierung wahrscheinlich gar nicht möglich gewesen wäre und der Virus an anderen Clients durch den Virenschutz keinen Schaden hätte anrichten können. Der nächste Schritt ist die Übernahme der gewichteten Ergebnisse pro Geschäftsprozess und die Auswertung der Informations- und IT-Risiken der Produktion und Produktionsrisiken durch die IT.

---

[198] Vgl. Kühnapfel (2014)

Tabelle 18: Beispielhafte Risikobewertung des Geschäftsprozesses Karosseriebau[199]

Geschäftsprozess: Karosseriebau	Verfügbarkeit	Gewichtet (max. 5)	Vertraulichkeit	Gewichtet (max. 5)	Integrität	Gewichtet (max. 5)
Risikostufe des Geschäftsprozesses (∅)	2,2	2,6	2	2	2,2	3,25
Risikostufe Unternehmensleitebene	1	1	2	1	1	1
Risikostufe Betriebsleitebene	1	2	1	1	1	1
Risikostufe Produktionsleitebene	2	3	1	1	3	1
Risikostufe Prozessleitebene	5	4	5	1	5	4
Risikostufe Feldebene	2	5	1	1	1	1

Zuordnung

Risikostufen → Werte
Sehr niedrig → 1; Niedrig → 2; Mittel → 3; Hoch → 4; Sehr hoch → 5

Werte → Risikostufen
≤ 1 → Sehr niedrig; ≤ 2 und > 1 → Niedrig; ≤ 3 und > 2 → Mittel; ≤ 4 und > 3 → Hoch;
> 4 → Sehr hoch

---

[199] Eigene Darstellung

4.3 Vernetzung in der Produktion neu bewertet

Tabelle 19: Beispielhafte Bewertung aller Geschäftsprozesse[200]

Geschäftsprozess: Presswerk, Karosseriebau, Lackiererei, Montage	Verfügbarkeit	Gewichtet (max. 5)	Vertraulichkeit	Gewichtet (max. 5)	Integrität	Gewichtet (max. 5)
Informations- und IT-Risiken der Produktion	Niedrig (Ø gewichtete Verfügbarkeit, Vertraulichkeit, Integrität = 1,9)					
Produktionsrisiken durch die IT	Niedrig (Ø gewichtete Verfügbarkeit, Integrität = 1,9)					
Risikostufe der Produktion (Ø)	1,9	1,8	1,8	1,8	2,1	2
• Risikostufe Montage	2	1	2	1	2	1
• Risikostufe Lackiererei	2	4	1	1	2	3
• Risikostufe Karosseriebau	2,6	1	2	1	3,25	1
• Risikostufe Presswerk	1	1	1	1	1	1

Zuordnung

Risikostufen → Werte
Sehr niedrig → 1; Niedrig → 2; Mittel → 3; Hoch → 4; Sehr hoch → 5

Werte → Risikostufen
≤ 1 → Sehr niedrig; ≤ 2 und > 1 → Niedrig; ≤ 3 und > 2 → Mittel; ≤ 4 und > 3 → Hoch; > 4 → Sehr hoch

---

[200] Eigene Darstellung

Auch bei der Auswertung aller Geschäftsprozesse kann erneut – analog zum vorherigen Bewertungsschritt – eine Gewichtung vorgenommen werden. So kann sichergestellt werden, dass, vergleichbar zum Notfallmanagement nach BSI-Standard 100-04, die Kritikalität der Geschäftsprozesse bzw. der Schaden bis zum Wiederanlauf[201] berücksichtigt wird. Die Lackiererei betreffend kann die Nichtverfügbarkeit oder mangelnde Integrität von Informationen schnell dazu führen, dass komplette Lackierbecken bzw. die darin enthaltenen Lackbäder unbrauchbar sind. Daher wurde im Beispiel der Geschäftsprozess Lackiererei hoch gewichtet. Die Informations- und IT-Risiken der Produktion werden aus den gewichteten Mittelwerten der Risikostufen für die Verfügbarkeit, Vertraulichkeit und Integrität von Informationen errechnet. Die Produktionsrisiken durch die IT errechnen sich aus den Risikostufen für die Verfügbarkeit und Integrität von Informationen. Der letzte Schritt, um die Bewertung der Risiken durch die Vernetzung in der Produktion abschließen zu können, ist die Überführung in den Geschäftsbericht und die finanzielle Bewertung. In Bezug auf Tabelle 14 auf Seite 106 wurde bereits diskutiert, dass die im Zuge dieser Arbeit definierten Risikokategorien ‚Produktionsrisiken durch die IT und Informations- und IT-Risiken der Produktion' als Unterkategorien bereits bestehender Risikokategorien gesehen werden können. Die Beschreibungen im Geschäftsbericht von Audi zugrunde gelegt, kann man die Produktionsrisiken durch die IT als Teil der Risiken aus betrieblichen Tätigkeiten und die Informations- und IT-Risiken der Produktion als Unterkategorien der Informations- und IT-Risiken betrachten. Auch wenn es unumgänglich ist, dass beide definierte Risiken explizit im Geschäftsbericht auftauchen, ist es jedoch wichtig, dass sie in eine vorhandene Struktur integriert werden. Dies gilt auch für die Skalierung. Im Gegensatz zu den gesichteten Geschäftsberichten ist zwar eine fünfstufige Skala im Bereich der Risikoeinstufung durchaus sinnvoll, es wäre aber ebenfalls denkbar, dass die fünfstufige Risikoeinstufung in die dreiteilige Risikoeinstufung umgerechnet wird. Voraussetzung ist, dass die Risikoeinstufungen niedrig und hoch in der Risikoeinstufung mittel aufgehen, denn nur so lässt sich gewährleisten, dass die Risikoeinstufung dem entspricht, was aus dem

---

[201] Vgl. Tabelle 11 auf Seite 78

4.3 Vernetzung in der Produktion neu bewertet

Risiko des Fallbeispiels resultiert und wie gewünscht im Geschäftsbericht sichtbar wird. Da in diesem Fall nicht bekannt ist, welche weiteren Risiken unter den Rubriken Risiken aus betrieblichen Tätigkeiten und Informations- und IT-Risiken zusammengefasst werden und somit auch deren Berechnung nicht ersichtlich ist, wird diese Risikoaggregation nicht weiter betrachtet. Neben der Durchgängigkeit der Risikobewertung eines einzelnen Elements wie z. B. einem Anlagen-PC bis hin zum Geschäftsbericht war eine weitere wesentliche Anforderung bei der Entwicklung einer Bewertungsmethode für das IT-Risikomanagement die Sichtbarkeit der finanziellen Auswirkungen. Es hat sich gezeigt, dass die Bewertung des finanziellen Ausmaßes aufgrund der hohen Komplexität erst auf Ebene des Geschäftsberichtes sinnvoll ist. Diese finanzielle Risikobewertung ist in den Spalten ‚finanzielles Ausmaß' und ‚finanzielles Risiko' aufgeführt. Die Unterteilung orientiert sich zum einen an der Differenzierung zwischen Risikohöhe und Ergebnisauswirkung, wie sie im Geschäftsbericht der BMW Group vorgenommen wird[202], zum anderen an der Risiko-Definition. Das Risiko ist demnach die Eintrittswahrscheinlichkeit des Schadens multipliziert mit dem aus dem Schaden resultierenden Verlust. Es wird definiert, dass die Risikoeinstufung für die entwickelte Bewertungsmethode der Eintrittswahrscheinlichkeit entspricht. Demzufolge ergibt die Risikoeinstufung multipliziert mit dem finanziellen Ausmaß das finanzielle Risiko. Im Vorfeld ist es unumgänglich, die Berechnung des finanziellen Ausmaßes festzulegen. Beide definierten Risiken, die Produktionsrisiken durch die IT und die Informations- und IT-Risiken der Produktion, haben einen unmittelbaren Bezug zum Geschäftsprozess der Produktion. Entsprechend drastisch sind die finanziellen Auswirkungen festzulegen. Zur Vereinfachung wird der Idealzustand angenommen, dass jedes durch den Geschäftsprozess der Produktion entstandene Automobil auch verkauft wird. Das finanzielle Ausmaß für den Fall, dass der Geschäftsprozess Produktion nicht durchgeführt werden kann, wird festgesetzt als:

---

[202] Vgl. Tabelle 14 auf Seite 106

*Finanzielles Ausmaß = Gewinnmarge pro Automobil × Anzahl der
pro Jahr produzierten Automobile.*

*Finanzielles Risiko = Finanzielles Ausmaß × Wahrscheinlichkeit
des Risikoeintritts (Risikostufe).*

Da bisherigen Geschäftsberichten weder die Gewinnmarge pro Fahrzeugtyp noch die genauen Risikosummen zu entnehmen war, ist davon auszugehen, dass die Automobilkonzerne auch zukünftig nicht daran interessiert sind, diese Zahlen detailliert offenzulegen. Daher ist es sinnvoll, im Geschäftsbericht nur ein kategorisiertes Ergebnis darzustellen.[203] Die Kategorien sind auch hier fünfstufig gewählt und stehen für die finanziellen Ausmaße und das finanzielle Risiko im Bezug zum EBIT[204] (Earnings Before Interest and Taxes). Als Vorstufe gilt es, die finanziellen Ausmaße so genau wie möglich zu berechnen. Nur so kann die bisher entwickelte Bewertungsmethode auch adäquat für Unternehmen mit mehreren Produktionsstätten angewandt werden. Da weder detaillierte Informationen über die Stückzahlen der einzelnen Produktionsstätten einer der hier aufgeführten Hersteller noch die Gewinnmarge[205] der dort produzierten Autos vorliegen, wird ein Beispiel aus vorliegenden Zahlen[206] der drei Premiumhersteller kreiert. In diesem Konstrukt bilden BMW, Audi und Mercedes-Benz Cars die Produktionsstätte für ein Unternehmen, dessen Gesamt-EBIT sich aus den EBITs der einzelnen genannten Unternehmen ergibt.[207]

---

[203] Vgl. Tabelle 14 auf Seite 106
[204] Vgl. Wöhe (2010, S. 808)
[205] Vgl. Wöhe (2010, S. 302)
[206] Vgl. absatzwirtschaft.de (2013)
[207] Vgl. Audi AG (2014, S. 142, 166); Bayrische Motoren Werke AG (2014, S. 3–4); Daimler AG (2014, S. 150)

4.3 Vernetzung in der Produktion neu bewertet

Tabelle 20: Beispielhafte Bewertung aller Produktionsstätten[208]

Alle Produktionsstätte	Risikoeinstufung	Gewichtet (nach Stückzahl)	Produzierte Einheiten	Gewinnmarge in €	Finanzielles Ausmaß in Mio. €	Finanzielles Risiko in Mio. €
Informations- und IT-Risiken der Produktion (Ø)	1,9				4305	1500
Produktionsstätte 1 – Audi	2,4	2	1.605.926	3.169	5.089	2.545
Produktionsstätte 2 – BMW	1,9	2	1.481.253	3.403	5.041	1.260
Produktionsstätte 3 – Mercedes-Benz Cars	1,5	2	1.177.984	2.365	2.786	696
Produktionsrisiken durch die IT (Ø)	1,9				6.458	2.251
Produktionsstätte 1 – Audi	2,4	2	1.605.926	3.169	7.634	3.817
Produktionsstätte 2 – BMW	1,9	2	1.481.253	3.403	7.561	1.890
Produktionsstätte 3 – Mercedes-Benz Cars	1,5	2	1.177.984	2.365	4.179	1.045

Zuordnung

Finanzielles Risiko als prozentualer Anteil des EBIT → *Risikostufe*
≤ 0 % → Sehr niedrig; ≤ 25 % und > 0 % → Niedrig; ≤ 50 % und > 25 % → Mittel;
≤ 75 % und > 50 % → Hoch; > 75 % Sehr hoch
EBIT Gesamt 15.986.000.000 €

Werte → *Wahrscheinlichkeiten*
≤ 1 → 0 %; ≤ 2 und > 1 → 25 %; ≤ 3 und > 2 → 50 %; ≤ 4 und > 3 → 75 %, > 4 → 100 %

---

[208] Eigene Darstellung; vgl. Audi AG (2014, S. 142, 166); Bayrische Motoren Werke AG (2014, S. 3–4); Daimler AG (2014, S. 150); absatzwirtschaft.de (2013)

Aufgrund der im vorliegenden Fall ähnlichen Stückzahlen hat die Gewichtung – auch hier analog zum bisherigen Vorgehen in fünf Stufen unterteilt – keine Auswirkung auf das Ergebnis, das den gewichteten Durchschnitt aller Produktionsstätten repräsentiert. Während für die Informations- und IT-Risiken der Produktion ein potenzieller Schaden für die Innen- und Außenwirkung[209] nicht berücksichtigt wurde, ist dies bei den Produktionsrisiken durch die IT unumgänglich, da der Vertraulichkeitsverlust von Informationen Teil der Produktionsrisiken durch die IT ist. Da der Schaden für die Innen- und Außenwirkung finanziell schwer zu bewerten ist, wurde festgelegt, dass das finanzielle Ausmaß für Produktionsrisiken durch die IT 50 Prozent höher ist, als für Informations- und IT-Risiken der Produktion. Der Festsetzung von 50 Prozent liegen zwei Überlegungen zugrunde: Die erste ist, dass sich die Anzahl der eingeschlossenen Risiken von zwei, sprich Verfügbarkeit und Integrität von Informationen, um eines – die Vertraulichkeiten von Informationen – erhöht. Zum anderen lässt sich argumentieren, dass durch den Vertraulichkeitsverlust von Informationen, in diesem Fall von Produktionsdaten, ein weiteres Unternehmen in die Lage versetzt wird, dasselbe Automobil zu bauen. Geht man von einem Käufermarkt[210] aus, wirkt ein zusätzlicher Marktteilnehmer sich unmittelbar auf den zu erzielenden Gewinn oder die absetzbare Stückzahl aus. Um in diesem Fall ein 50 Prozent höheres finanzielles Ausmaß argumentieren zu können, muss von einem Gewinn- oder Stückzahlenrückgang um ein Drittel ausgegangen werden können.

---

[209] Vgl. Tabelle 10 auf Seite 73
[210] Vgl. Wöhe (2010, S. 383)

4.3 Vernetzung in der Produktion neu bewertet

Tabelle 21: Darstellung im Geschäftsbericht[211]

	Risiko-einstufung	Finanzielles Ausmaß	Finanzielles Risiko
Risiken aus betrieblichen Tätigkeiten			
Produktionsrisiken durch die IT	Niedrig	Mittel	Niedrig
Informations- und IT Risiken			
Informations- und IT-Risiken der Produktion	Niedrig	Hoch	Niedrig
Zuordnung			
Risikoeinstufungen: Sehr niedrig, Niedrig, Mittel, Hoch, Sehr hoch *Finanzielles Risiko als prozentualer Anteil des EBIT* → *Risikostufe* $\leq 0\%$ → Sehr niedrig; $\leq 25\%$ und $> 0\%$ → Niedrig; $\leq 50\%$ und $> 25\%$ → Mittel; $\leq 75\%$ und $> 50\%$ → Hoch; $> 75\%$ Sehr hoch EBIT Gesamt 15.986.000.000 €			

Da die Marktsituation unbekannt und der Schaden für Innen- und Außenwirkung ohnehin schwer zu definieren ist, kann diese Annahme vertreten werden. Auch in diesem Fall besteht die Möglichkeit, die Bewertungsmethode durch den Einsatz von genaueren Annahmen anzupassen. Auf den getroffenen Annahmen basieren die detaillierten Ergebnisse aus Tabelle 20 die kategorisiert in Tabelle 21 übertragen werden. Die kategorisierte Darstellung ermöglicht es, die durch die Vernetzung in der Produktion gegebenen Risiken auch auf der Ebene des Geschäftsberichtes aufzuführen. So erhält man die Bewertungsmethode für das IT-Risikomanagement, die eine durchgängige Bewertung der Risiken von der Ebene einzelner Elemente bis hin zur Ebene des Geschäftsberichtes ermöglicht.

Unter dem Namen VIP-Bewertungsmethode wurde eine Bewertungsmethode für das IT-Risikomanagement zur Bewertung der Risiken durch die Vernetzung in der Produktion (VIP) entwickelt. Die Prämissen bildeten die Anforderungen an eine durchgängige Transparenz von der Bewertung einzelner Elemente bis hin zur Risikoaggregation auf der Ebene des Geschäftsberichtes, der Nutzung von etablierten

---

[211] Eigene Darstellung

Methoden und einer hohen Anpassungsfähigkeit. All diese Prämissen konnten erreicht werden, indem das Modell der Automatisierungspyramide mit der Bewertungsmethode des IT-Grundschutzes verknüpft wurden. Die dabei entwickelte Bewertungsmethode wurde auf das Fallbeispiel des infizierten Anlagen-PCs – wie es eingangs erläutert wurde – angewandt und die Bewertungsmethode anhand eines Beispiels aus der Praxis kritisch hinterfragt. Besonders bei Bewertungsschritten, die eine Aggregation von Risiken notwendig machten, wurde die hohe Komplexität, die sich durch die Vernetzung in der Produktion ergibt, immer wieder deutlich. Aus Sicht des Autors ist es gelungen, die Komplexität transparent zu machen, indem viele einzelne Bewertungsschritte stattfinden. Die Bewertungsmethode orientiert sich hierbei klar ersichtlich an den Geschäftsprozessen des Unternehmens und bewertet jeden einzeln. Die entwickelte Bewertungsmethode spiegelt das Risiko durch die Vernetzung in der Produktion auf diese Weise an den Stellen wider, die wertschöpfend für das Unternehmen sind und damit auch die Aufmerksamkeit der Entscheidungsträger haben. Diese Aufmerksamkeit sollte dazu führen, dass die Risiken nicht nur transparent sind, sondern auch eliminiert werden.

5 Diskussion

Abschließend soll eine Diskussion über die vorliegende Dissertation in Hinblick auf die Beiträge für die Lehre, Wissenschaft und Praxis geführt werden. Interpretiert man das von John Swales kreierte CARS-Model[212] nicht nur als ein Vorgehensmodel des wissenschaftlichen Schreibens, sondern auch als Modell, um die Ziele einer wissenschaftlichen Arbeit einzuordnen, so ist diese Arbeit als eine Arbeit, die Lücken aufzeigt, einzuordnen. Ziel der Arbeit ist es, die Lücken des IT-Risikomanagements im Bereich der IT-Risiken durch die Vernetzung in der Produktion aufzuzeigen und durch die entwickelte VIP-Bewertungsmethode eine Lösung darzulegen. Vor dem Hintergrund dieser Zielsetzung sind auch die folgenden Beiträge für Lehre, Wissenschaft und Praxis zu bewerten.

5.1 Beitrag für die Lehre

Das behandelte Thema ist ein Paradebeispiel für die Aufgabenstellung der interdisziplinären Wissenschaft der Wirtschaftsinformatik[213] und bildet einen Anwendungsfall, der im Zuge der Lehre erörtert und kritisch diskutiert werden kann. Es kann an diesem Beispiel die Notwendigkeit für eine interdisziplinäre Betrachtung geschärft und die Quantifizierbarkeit[214] von technischen Problemstellungen veranschaulicht werden. Darüber hinaus zeigt die Dissertation auf, wie Methoden und Modelle weiterentwickelt bzw. sinnvoll miteinander kombiniert werden können. Es muss allerdings darauf hingewiesen werden, dass die Arbeit zwar ein Beispiel für die Lehre liefern kann, jedoch keinen Beitrag dazu leistet, die Lehre substanziell weiterzuentwickeln.

---

[212] Vgl. Swales (1990, S. 141)
[213] Vgl. dazu im Detail Abts und Mülder (2009, S. 4–5)
[214] Vgl. Abbildung 13 auf Seite 85

5.2 Beitrag für die Wissenschaft/Forschung

Die VIP-Bewertungsmethode leistet einen klaren Beitrag für die Wissenschaft im Bereich des IT-Risikomanagements, indem sie einen Lösungsansatz beschreibt, wie Operatives und Strategisches Risikomanagement[215] miteinander verknüpft werden können. Im Fokus stehen konkrete technische und menschliche Risiken für die Verfügbarkeit, Vertraulichkeit und Integrität von Informationen. Mithilfe der VIP-Bewertungsmethode, die auf Basis des etablierten Modells der Automatisierungspyramide und den etablierten Methoden des IT-Grundschutzes entwickelt wurde, ist eine Methode entwickelt worden, die Risiken, die durch die Vernetzung in der Produktion entstehen, sehr transparent abbildet und alle wichtigen gegenwärtigen Forschungsergebnisse berücksichtigt. In Bezug auf Industrie 4.0[216] – der vierten industriellen Revolution – ist davon auszugehen, dass sich die Datenübertragungsintervalle auch auf Automatisierungsschichten, auf denen aktuell nur stunden- oder tageweise Datenübertragungen stattfinden, auf Intervalle von Sekunden und Minuten verdichtet.[217] Zusätzlich werden versteckte Redundanzen[218], wie sie aktuell auf einigen Automatisierungsschichten bestehen, entfallen. Folglich werden die Automatisierungsebenen stärker miteinander verschmelzen und die Automatisierungspyramide weiterentwickelt werden.[219] Auch unter diesen Voraussetzungen wird die Methode dank ihrer hohen Flexibilität Gültigkeit haben. Es ist legitim, die Behauptung aufzustellen, dass gerade im Kontext von Industrie 4.0 die VIP-Bewertungsmethode einen wesentlichen Beitrag zur Forschung leisten kann. Sie bietet die Chance, das zu bewerten, was mit dem IT-technischen Fortschritt immer mehr an Bedeutung gewinnt: die Risiken durch die immer größere Vernetzung innerhalb der Industrie. Eines dieser Risiken ist es, dass Elemente der verschiedenen Automatisierungsebenen, nicht wie in der heutigen Produktion nur ans Unternehmensnetz angeschlossen sein werden. Zukünftig könnten diese direkt über das Internet miteinander

---

[215] Vgl. Abbildung 5 auf Seite 39
[216] Vgl. Bauernhansl (2014, S. 33)
[217] Vgl. Kropik (2009, S. 62)
[218] Vgl. Kropik (2009, S. 203)
[219] Vgl. Verbund Deutscher Ingenieure (2012)

verbunden sein und somit ein weiteres Einfallstor für Angriffe bieten.[220] Durch eine hypothetische Bewertung dieser Situation mithilfe der VIP-Bewertungsmethode ist es möglich, den Risikozuwachs zur heutigen Situation abzubilden. Das zeigt noch einmal deutlich, dass die Methode aufgrund ihrer Aktualität und Zukunftsfähigkeit einen sinnvollen Beitrag für die Wissenschaft leistet.

5.3 Beitrag für die Praxis

Den größten Beitrag leistet die entwickelte Bewertungsmethode jedoch sicherlich für die Praxis. Bereits die Auswahl der ISi-Kriterienwerke[221], die im Zuge der Arbeit näher erläutert wurden, erfolgte auf Basis der Praxisrelevanz dieser Werke. Mit dem IT-Grundschutz wurden anschließend die im deutschsprachigen Raum relevantesten Methoden als Basis für die Entwicklung einer Bewertungsmethode für das IT-Risikomanagement zur Bewertung der Risiken durch die Vernetzung in der Produktion ausgewählt und mit dem Modell der Automatisierungspyramide verknüpft. Für die Bewertung selbst wurde eine Vorgehensweise ausgewählt, wie sie für die Zertifizierung nach ISO 27001 auf Basis von IT-Grundschutz genutzt wird. Die genannten Überlegungen bilden das Grundgerüst der Bewertungsmethode. Um dem Anspruch der durchgängigen Transparenz bis zur Ebene des Geschäftsberichtes gerecht werden zu können, wurden Geschäftsberichte gesichtet, um Rückschlüsse auf die festzulegenden Risikokategorien gewinnen zu können. Die entwickelte Bewertungsmethode kombiniert also die Risikoaggregation von unten nach oben mit der Ausdifferenzierung der Risikokategorien von oben nach unten. Anhand eines Fallbeispiels aus der Praxis, gepaart mit weiteren realitätsnahen Parametern, wurde eine beispielhafte Bewertung durchgeführt und die Bewertungsmethode auf diese Weise auf ihre Praxistauglichkeit überprüft und diese bestätigt. Hinzu kommt, dass aus der Anpassungsmöglichkeit der entwickelten

---

[220] Vgl. Rieger (2015)
[221] Vgl. Abbildung 6 auf Seite 48

Bewertungsmethode an unternehmensspezifische Anforderungen eine hohe Anzahl an Anwendungsfällen resultiert. Es ist daher festzuhalten, dass die Ergebnisse der Dissertation in Summe einen hohen Beitrag für die Praxis leisten können.

5.4 Ausblick

Im Zuge der Industrie 4.0 wird die Vernetzung in der Produktion rapide zunehmen und damit einhergehend auch die Risiken, die sich dadurch ergeben. Mit jedem vernetzten Element steigt auch die Anzahl an potenziellen Angriffszielen und Einfallstoren. Daher ist es sowohl für die Stakeholder als auch Shareholder[222] unerlässlich, die Risiken durch die Vernetzung in der Produktion zu kennen und zu wissen, welche Maßnahmen zur Minimierung oder Beseitigung dieser Risiken beitragen können. Hierfür sind zwei Schritte notwendig: Zum einen ist es mittelfristig unumgänglich, dass die Differenzierung zwischen Betriebsrisiken und Risiken der IT, wie sie in den gesichteten Geschäftsberichten[223] dargestellt wird, wesentlich präziser getroffen wird, da die inhaltliche Nähe immer größer wird. Eine Differenzierungsmöglichkeit wären zum einen die in dieser Untersuchung festgelegten Kategorien Informations- und IT-Risiken in der Produktion und Produktionsrisiken durch die IT.[224] Zum anderen muss die Verbindung zwischen Maßnahmen und Risikobewertung deutlich werden, eine Vorgabe, die die VIP-Bewertungsmethode bereits erfüllt. Grundlage für die Aussage zur Fähigkeit der entwickelten Methode ist der IT-Grundschutz und seine Aktualität. Es ist davon auszugehen, dass auch zukünftig die IT-Grundschutz-Kataloge aktuelle Bausteine, Gefahren und Maßnahmen auflisten werden. Auch mit Ausblick auf die zunehmende Wichtigkeit von Industrie 4.0 ist es wünschenswert, dass eine Vereinheitlichung des IT-Grundschutzes hinsichtlich der Gefahren für die Verfügbarkeit, Vertraulichkeit und Integrität von Informationen stattfindet. Analog des Bausteines ‚B1 Übergreifende Maßnahmen', der eine Zusammenfassung der aus Sicht des BSI wichtigsten Maß-

---

[222] Vgl. dazu im Detail Wöhe (2010, S. 50–51)
[223] Vgl. Tabelle 14 auf Seite 106
[224] Vgl. Abbildung 22 auf Seite 109

nahmen und Gefahren darstellt, ist es außerdem wichtig, einen Baustein für Industrie 4.0 zu schaffen. Eine Vorstufe wäre beispielsweise ein Baustein für die Produktion, der alle Gefahren und Maßnahmen über alle Automatisierungsstufen hinweg darstellt. Als Basis können die im Zuge dieser Arbeit identifizierten Gefahren und Maßnahmen dienen, die es dann zu vervollständigen gilt. Es kann resümiert werden, dass die VIP-Bewertungsmethode die Grundlage schafft, um die Risiken durch die Vernetzung in der Produktion bewerten zu können. Die vorliegende Arbeit kann die Diskussion, dass die vierte industrielle Revolution die Chance bietet, die informationstechnische Grundstruktur zu überdenken und sicherer zu gestalten, mit einer transparenten Bewertung darüber, was die zusätzliche Vernetzung in der Produktion operativ und finanziell als Gefahr mit sich bringt, sinnvoll unterstützen.

Schlusswort

Die Bewertungsmethode wurde mit der Idee entwickelt, nicht nur Risiken aufzuzeigen, sondern durch die hohe Transparenz und Verknüpfung zu potenziellen Maßnahmen, dabei zu unterstützen, die Risiken durch die Vernetzung in der Produktion nachhaltig zu minimieren und im Idealfall zu eliminieren. Voraussetzung für die Ergreifung von Maßnahmen ist, dass die Risiken für verschiedene Adressatenkreise – im Besonderen für die Entscheidungsträger – transparent gemacht werden. So war es das primäre Ziel der Arbeit, eine Bewertungsmethode zu kreieren, die technische und operative IT-Risiken aufzeigt und diese in Hinblick auf die unternehmerischen Ziele bewertet. Rechtliche Anforderungen an die Methode hinsichtlich der Aussage ‚Fähigkeit über den Zustand der EDV-Systeme' mussten dabei genauso berücksichtigt werden, wie eine gute Anwendbarkeit in der Praxis. Entstanden ist die VIP-Bewertungsmethode, der die Automatisierungspyramide als mehrstufiges Modell zugrunde liegt, um die vielen Facetten der Risiken in der Produktion exakt bewerten zu können. Die Bewertung der einzelnen Automatisierungsebenen erfolgt stets nach demselben Schema und greift dabei auf die bereits etablierten und für die Praxis hochrelevanten Bewertungsmethoden der IT-Grundschutz-Kataloge zurück. Der dahinter liegende Gedanke war es, eine Bewertungsmethode zu schaffen, die von der Praxisrelevanz der zugrundeliegenden Methoden und deren Reifegrade profitiert, letztlich also selbst eine hohe Ausgereiftheit vorweist. Die Notwendigkeit, eine ausgereifte Bewertungsmethode zu entwickeln, die eine durchgängige Bewertung ermöglicht, kommt daher, dass insbesondere der letzte Punkt ein großes Manko der in der Theorie beschriebenen Modelle ist. Das größte Problem, das sich in der Theorie ergibt, ist die mangelnde Durchgängigkeit der Risikobewertung. Rechtlich verbindlich und konkret beschrieben ist hauptsächlich die Bewertung der finanziellen Risiken, wie sie im Finanz- und Bankensektor vorkommen. Die Regulierung ist für diesen Sektor sehr greifbar und beschreibt eindeutig, bis zu und ab welcher Summe finanzielle Risiken zu bewerten sind. Im Zusammenhang mit diesen Regelungen wird auch darauf eingegangen, dass EDV-Systeme bzw. IT-Risiken zu bewerten sind. Die zuvor beschriebene

Greifbarkeit der Regelungen ist für die IT-Risikobewertung hingegen nicht gegeben. Das verschärft das grundlegende Problem, dass durch die unkonkreten Regelungen es jedem Unternehmen freisteht, die IT-Risiken anders zu bewerten. Und das stellt letztendlich ein Problem für die Stake- und Shareholder dar, denen bei diesen Regelungen die einzelnen Bewertungen nicht transparent ersichtlich sind. Bei produzierenden Betrieben kommt die Komplexität des Produktionsprozesses hinzu. Nahezu alle Produktionsprozesse werden heutzutage von IT-Systemen gestützt oder gesteuert. Das bedingt eine komplexe prozessuale und auch technische Vernetzung in der Produktion. Genau diese Komplexität muss durch eine geeignete Bewertungsmethode reduziert werden, um eine durchgängige und transparente IT-Risikobewertung zu ermöglichen. Aus Sicht des Autors ist dies mit der VIP-Bewertungsmethode gegeben. Es wurden die wesentlichen, in der Theorie beschriebenen Probleme ausgiebig betrachtet und erkannt, dass sie für die entwickelte VIP-Bewertungsmethode nicht zutreffen. Es schließt sich die Frage an, welche wesentlichen Probleme in der Praxis entstehen können. Das größte zu erwartende Problem ist vermutlich organisatorischer Natur. Die treibende Idee hinter der VIP-Bewertungsmethode ist es, die IT-Risiken einzelner Anlagen-PCs und Systeme über alle Automatisierungsebenen hinweg zu aggregieren und schlussendlich das gesamte Informations- und IT-Risiko der Produktion aufzuzeigen. Es ist davon auszugehen, dass gerade in größeren Unternehmen klare organisatorische Trennungen zwischen IT-Risikomanagement und dem unternehmensweiten Risikomanagement bestehen. Genau hier kann ein wesentliches Problem liegen. Eine durchgängige Betrachtung setzt voraus, dass es möglich ist, eine ganzheitliche Betrachtung durchzuführen und dass die Ergebnisse von allen Seiten akzeptiert werden. Der letzte Punkt ist absolut essenziell. Neben den organisatorischen Herausforderungen gilt es, auch die quantitativen und qualitativen Herausforderungen zu bewältigen. Um ein aussagekräftiges Ergebnis zu bekommen, müssen alle IT-Systeme und Anlagen bewertet werden. Neben der Fehleranfälligkeit bei einer manuellen Erhebung wäre auch der enorme zeitliche Aufwand als Problem zu sehen. Ebenfalls ist es wichtig, dass der Betrachtungszeitraum relativ klein ist, da gerade im IT-Bereich häufig neue IT-Risiken auftreten, die dann ebenfalls bewertet werden müssten. Aus den genannten Gründen ist es notwendig, dass die Erfassung bzw. Bewertung der IT-Risiken technisch unterstützt wird. Hierbei kann es zu ungenauen Auswertungen kommen, wenn im Vorfeld nicht detailliert festgelegt wird, welche Parameter ausgelesen und welche Systemereignisse wie bewertet werden. Analog zu anderen technisch unterstützten Erhebungen muss im Vorfeld analysiert werden, wie die Erhebung manuell, stichprobenartig überprüft werden kann. Zusammengefasst wird das in der Praxis hauptsächlich bestehende Problem darin liegen, dass die Bewertungsmethode die Komplexität der IT-Risikobewertung zwar reduziert, dass IT-Umfeld als solches aber nicht weniger komplex macht.

Abschließend stellt sich die Frage, wie man Theorie und Praxis sinnvoll zusammenführen kann. Im Zusammenhang mit der Einführung eines Managementsystems für Informationssicherheit wurde der PDCA-Zyklus samt seiner vier Phasen Plan, Do, Check und Act ausführlich diskutiert. Daraus ließ sich folgern, dass Theorie und Praxis dann sinnvoll zusammengeführt werden können, wenn die vier Phasen des PDCA-Zyklus berücksichtigt werden. Bei der Entwicklung einer Bewertungsmethode für das IT-Risikomanagement zur Bewertung der Risiken durch die Vernetzung in der Produktion wurden verschiedene Modelle zur Diskussion gestellt und Probleme, die sich in der Theorie ergeben, analysiert, um schließlich als Ergebnis der gesammelten Erkenntnisse die VIP-Bewertungsmethode hervorzubringen. Im Anschluss an die abgeschlossene Planungs- und Konzeptionsphase gilt es nun, die entwickelte Methode in der Praxis anzuwenden. Es ist wünschenswert, dass sich die Methode als praxistauglich erweist. Das bedeutet v. a., dass die IT-Risikobewertungen sich als transparent und aussagefähig erweisen. Ob dies zutrifft, kann nur durch die Interaktion sowohl mit den für die Risikobewertung zuständigen Abteilungen erfolgen als auch mit den Shareholdern, die abschließend bewerten müssen, ob die IT-Risiken für sie transparenter geworden sind. Gemäß des PDCA-Zyklus gilt es daher, eine Erfolgskontrolle durchzuführen, um als abschließenden Schritt die Optimierung und Verbesserung der VIP-Bewertungsmethode zu bewirken. Es lässt sich resümieren, dass das Ziel der Arbeit, eine praxistaugliche Bewertungsmethode zu schaffen, in dem Moment erreicht ist, in dem die VIP-Bewertungsmethode in der Praxis zur Anwendung kommt und durch das stetige Durchlaufen des PDCA-Zyklus die Interaktion zwischen Theorie und Praxis fordert.

Literaturverzeichnis

absatzwirtschaft.de. (2013). Was die Autobauer pro Fahrzeug verdienen: Profitabilität in der Automobilindustrie. Abgerufen am 05.12.2015 von http://www.uni-due.de/~hk0378/publikationen/2013/Absatzwirtschaft-21%2011%202013.pdf

Abts, D., & Mülder, W. (2009). *Grundkurs Wirtschaftsinformatik* (6., überarb. und erw. Aufl.). Wiesbaden: Vieweg + Teubner.

Audi AG. (2014). *Geschäftsbericht 2013*. (Audi AG, Hrsg.) Abgerufen am 05.12.2015 von http://www.audi.com/content/dam/com/DE/investor-relations/financial_reports/annual-reports/audi_gb_2013_de.pdf

Audi AG. (2015). *Geschäftsbericht 2014*. (Audi AG, Hrsg.) Abgerufen am 30.11.2015 von http://www.audi.com/content/dam/com/DE/investor-relations/financial_reports/annual-reports/audi_gb_2014_de.pdf

Bartsch, M. (2013). Service Level Agreements – rechtliche Aspekte. *Informatik-Spektrum, 36*(5), 449–454.

Bauernhansl, T. (2014). Die Vierte Industrielle Revolution. Der Weg in ein wertschaffendes Produktionsparadigma. In T. Bauernhansl, M. ten Hompel & B. Vogel-Heuser (Hrsg.), *Industrie 4.0 in Produktion, Automatisierung und Logistik. Anwendung, Technologien und Migration* (S. 5–35). Wiesbaden: Springer Vieweg.

Bauernhansl, T., Hompel, M. ten & Vogel-Heuser, B. (Hrsg.). (2014). *Industrie 4.0 in Produktion, Automatisierung und Logistik. Anwendung, Technologien und Migration*. Wiesbaden: Springer Vieweg.

Bayer AG. (2015). *Geschäftsbericht 2014*. (Bayer AG, Hrsg.) Abgerufen am 30.11.2015 von http://www.geschaeftsbericht2014.bayer.de/de/bayer-geschaeftsbericht-2014.pdfx?forced=true

Bayrische Motoren Werke AG. (2014). *Geschäftsbericht 2013*. (Bayrische Motoren Werke AG, Hrsg.) Abgerufen am 05.12.2015 von https://www.bmwgroup.com/content/dam/bmw-group-websites/ bmwgroup_com/ir/downloads/de/2013/geschaeftsbericht2013.pdf

Bayrische Motoren Werke AG. (2015). *Geschäftsbericht 2014*. (Bayrische Motoren Werke AG, Hrsg.) Abgerufen am 30.11.2015 von http://geschaeftsbericht2014.bmwgroup.com/bmwgroup/annual/2014/gb/German/pdf/bericht2014.pdf

Brünger, C. (2009). *Erfolgreiches Risikomanagement mit COSO ERM Empfehlungen für die Gestaltung und Umsetzung in der Praxis*. Berlin: Erich Schmidt Verlag.

Bundesamt für Sicherheit in der Informationstechnik. (2008). *Anerkennung der ISO 27001-Zertifizierung*. (Bundesamt für Sicherheit in der Informationstechnik, Hrsg.) Abgerufen am 15.02.2014 von https://www.bsi.bund.de/DE/Themen/ITGrundschutz/ITGrundschutzZertifikat/ISO27001Zertifizierung/Anerkennung/anerkennung_27001.html

Bundesamt für Sicherheit in der Informationstechnik. (2008). *BSI-Standard 100-1*. (Bundesamt für Sicherheit in der Informationstechnik, Hrsg.) Abgerufen am 06.06.2014 von https://www.bsi.bund.de/SharedDocs/Downloads/DE/BSI/Publikationen/ITGrundschutzstandards/standard_1001_pdf.pdf?__blob=publicationFile

Bundesamt für Sicherheit in der Informationstechnik. (2008). *BSI-Standard 100-2*. (Bundesamt für Sicherheit in der Informationstechnik, Hrsg.) Abgerufen am 06.06.2014 von https://www.bsi.bund.de/SharedDocs/Downloads/DE/BSI/Publikationen/ITGrundschutzstandards/standard_1002_pdf.pdf?__blob=publicationFile

Bundesamt für Sicherheit in der Informationstechnik. (2008). *BSI-Standard 100-3*. (Bundesamt für Sicherheit in der Informationstechnik, Hrsg.) Abgerufen am 06.06.2014 von https://www.bsi.bund.de/SharedDocs/Downloads/DE/BSI/Publikationen/ITGrundschutzstandards/standard_1003_pdf.pdf?__blob=publicationFile

Bundesamt für Sicherheit in der Informationstechnik. (2008). *BSI-Standard 100-4*. (Bundesamt für Sicherheit in der Informationstechnik, Hrsg.) Abgerufen am 06.06.2014 von https://www.bsi.bund.de/SharedDocs/Downloads/DE/BSI/Publikationen/ITGrundschutzstandards/standard_1004_pdf.pdf?__blob=publicationFile

Bundesamt für Sicherheit in der Informationstechnik. (2013). *IT-Grundschutz-Kataloge*. (Bundesamt für Sicherheit in der Informationstechnik, Hrsg.) Abgerufen am 06.06.2014 von https://gsb.download.bva.bund.de/BSI/ ITGSK/IT-Grundschutz-Kataloge_2013_EL13_DE.pdf

Bundesamt für Sicherheit in der Informationstechnik. (2014). *ISO 27001 Zertifizierung auf Basis von IT-Grundschutz*. (Bundesamt für Sicherheit in der Informationstechnik, Hrsg.) Abgerufen am 12.09.2014 von https://www.bsi.bund.de/DE/Themen/ITGrundschutz/ITGrundschutzZertifikat/itgrundschutzzertifikat_node.html

Bundesamt für Sicherheit in der Informationstechnik. (2014). *Kreuzreferenztabellen der IT-Grundschutz-Kataloge*. (Bundesamt für Sicherheit in der Informationstechnik, Hrsg.) Abgerufen am 20.11.2015 von https://www.bsi.bund.de/SharedDocs/Downloads/DE/BSI/Grundschutz/Hilfsmittel/Check/kreuzreferenz_tabellen_zip.zip?__blob=publicationFile&v=1

Bundesamt für Sicherheit in der Informationstechnik. (25.04.2014). *Welche Gefahren begegnen mir im Netz?* (Bundesamt für Sicherheit in der Informationstechnik, Hrsg.) Abgerufen am 25.04.2014 von https://www.bsi-fuer-buerger.de/BSIFB/DE/GefahrenImNetz/gefahren_node.html

CCN. (26.09.2007). *Sources: Staged cyber attack reveals vulnerability in power grid*. (CCN, Hrsg.) Abgerufen am 23.05.2015 von http://edition.cnn.com/2007/US/09/26/power.at.risk/index.html?_s=PM:US#cnnSTCVideo

Chair of Statistics, University of Würzburg. (01.08.2012). *Lehrstuhl für Mathematik VIII - Statistik*. (University of Würzburg, Chair of Statistics, Hrsg.) Abgerufen am 24.04.2015 von http://www.statistik-mathematik.uni-wuerzburg.de/fileadmin/10040800/user_upload/time_series/the_book/2012-August-01-times.pdf

Chalmers, A. F. (2013). *Wege der Wissenschaft* (6. Aufl.). Berlin: Springer Verlag.

Claus, T., Herrmann, F., & Manitz, M. (Hrsg.) (2015). *Produktionsplanung und -steuerung*. Berlin: Springer-Verlag.

Daimler AG. (2014). *Geschäftsbericht 2013*. (Daimler AG, Hrsg.) Abgerufen am 05.12.2015 von https://www.daimler.com/dokumente/investoren/berichte/geschaeftsberichte/daimler/daimler-ir-geschaeftsbericht-2013.pdf

Daimler AG. (2015). *Geschäftsbericht 2014*. (Daimler AG , Hrsg.) Abgerufen am 30.11.2015 von http://www.daimler.com/Projects/c2c/channel/documents/ 2590211_Daimler_FY_2014_Geschaeftsbericht.pdf

DaimlerChrysler AG. (2006). *Geschäftsbericht 2005*. (DaimlerChrysler AG, Hrsg.) Abgerufen am 10.04.2013 von http://www.daimler.com/Projects/ c2c/channel/documents/829809_DCX_2005_Gesch__ftsbericht.pdf

DaimlerChrysler AG. (2007). *Geschäftsbericht 2006*. (DaimlerChrysler AG, Hrsg.) Abgerufen am 10.04.2013 von http://www.daimler.com/Projects/ c2c/channel/documents/1003904_DCX_2006_Gesch__ftsbericht.pdf

Deutsches Rechnungslegungs Standards Committee. (14.09.2012). *Deutscher Rechnungslegungs Standard Nr. 20*. (D. R. Committee, Hrsg.) Abgerufen am 30.10.2015 von http://www.drsc.de/docs/press_releases/2012/120928_ DRS20_nearfinal.pdf

Dörner, D., & Doleczik, G. (2000). Corporate Governance. In D. Dörner, P. Horváth, & H. Kagermann (Hrsg.), *Praxis des Risikomanagement* (S. 193–224). Stuttgart: Schäffer-Poeschel Verlag.

Dörner, D., Horváth, P., & Kagermann, H. (Hrsg.) (2000). *Praxis des Risikomanagement*. Stuttgart: Schäffer-Poeschel Verlag.

Eller, R., Heinrich, M., Perrot, R., & Reif, M. (Hrsg.) (2010). *Kompaktwissen Risikomanagement*. Wiesbaden: Gabler Verlag.

Europäische Union. (1993). *Verordnung (EWG) Nr. 1836/93 des Rates vom 29. Juni 1993 über die freiwillige Beteiligung gewerblicher Unternehmen an einem Gemeinschaftssystem für das Umweltmanagement und die Umweltbetriebsprüfung*. (E. Union, Hrsg.) Abgerufen am 06.12.2013 von http://eur-lex.europa.eu/LexUriServ/LexUriServ.do?uri=OJ:L:1993:168: 0001:0018:DE:PDF

Fallenbeck, N. D., & Eckert, C. P. (2014). IT-Sicherheit und Cloud Computing. In T. Bauernhansl, M. ten Hompel & B. Vogel-Heuser (Hrsg.), *Industrie 4.0 in Produktion, Automatisierung und Logistik* (S. 398–430). Wiesbaden: Springer Vieweg.

Franz, K.-P. (2000). Corporate Governance. In D. Dörner, P. Horváth, & H. Kagermann (Hrsg.), *Praxis des Risikomanagement* (S. 41–72). Stuttgart: Schäffer-Poeschel Verlag.

Funk, W., & Rossmanith, J. (Hrsg.) (2008). *Internationale Rechnungslegung und Internationales Controlling*. Wiesbaden: GWV Fachverlage.

Gleißner, W. (2001). Quantitative Verfahren im Risikomanagement: Risikoaggregation, Risikomaße und Performancemaße. In A. Klein (Hrsg.), *Risikomanagement und Risiko-Controlling* (S. 179–204). Freiburg: Haufe Verlag.

Graf von Brühl, R. (2011). *Interdependenzen von Ökologie und Betriebswirtschaftslehre*. Frankfurt am Main: R. G. Fischer Verlag.

Grünendahl, R.-T., Steinbacher, A. F., & Will, P. H. (2009). *Das IT-Gesetz: Compliance in der IT-Sicherheit*. Wiesbaden: Vieweg + Teubner.

Handelsblatt. (09.01.2015). *Daimler kommt näher*. (Handelsblatt, Hrsg.) Abgerufen am 30.11.2015 von http://www.handelsblatt.com/unternehmen/industrie/abstand-zu-bmw-und-audi-daimler-kommt-naeher/11206322.html

Heinrich, B., Linke, P., & Glöckler, M. (2015). *Grundlagen Automatisierung*. Wiesbaden: Springer Vieweg.

heise. (20.03.2013). *Wurm im Werk*. (H. Z. KG, Hrsg.) Abgerufen am 12.04.2013 von http://www.heise.de/tr/artikel/Wurm-im-Werk-1818812.html

heise. (31.12.2014). *31C3: Wie man ein Chemiewerk hackt*. (H. Z. KG, Hrsg.) Abgerufen am 22.05.2015 von http://www.heise.de/newsticker/meldung/31C3-Wie-man-ein-Chemiewerk-hackt-2507259.html

Heitmann, M. (2007). *IT-Sicherheit in vertikalen F&E-Kooperationen der Automobilindustrie*. Wiesbaden: GWV Fachverlage.

Henkel, K., Kühne, J., Storch, D., & Waitz, D. (2010) MaRisk: Mindestanforderungen an das Risikomanagement in Kreditinstituten. In R. Eller, M. Heinrich, R. Perrot, & M. Reif (Hrsg.), *Kompaktwissen Risikomanagement* (S. 13–26). Wiesbaden: Gabler Verlag.

Internationale Organisation für Normung. (1996). *ISO 14001:1996 Environmental management*.

Internationale Organisation für Normung. (2009). *ISO 31000:2009 Risk management – Principles and guidelines.*

Internationale Organisation für Normung. (2012). *ISO 27005:2010 Information technology – Security techniques – Information security management systems – Overview and vocabulary.*

Iteem school. (31.08.2012). *International – Internship – Iteem – #interteem.* Abgerufen am 08.05.2015 von http://international.iteem.ec-lille.fr/wp-content/uploads/2012/07/AssemblyCarPlantProcess-1024x386.png

Kiefer, J. (2007). *Mechatronikorientierte Planung automatisierter Fertigungszellen im Bereich Karosserierohbau.* Saarbrücken: Universität des Saarlandes.

Klein, A. (Hrsg.) (2011). *Risikomanagement und Risiko-Controlling.* Freiburg: Haufe Verlag.

Klipper, S. (2011). *Information Security Risk Management.* Wiesbaden: Vieweg + Teubner Verlag.

Klug, F. (2010). *Logistikmanagement in der Automobilindustrie* (3. Aufl.). Heidelberg: Springer Verlag.

Köhler, P. T. (2007). *ITIL* (2. Aufl.). Berlin: Springer-Verlag.

Königs, H.-P. (2013). *IT-Risikomanagement mit System.* Wiesbaden: Springer Vieweg.

Kramer, A., & Ekkenga, J. (2001). Compliance-Risikoanalyse: Nutzen, Umsetzung, und Integrationin das RM System. In A. Klein (Hrsg.), *Risikomanagement und Risiko-Controlling* (S. 113–134). Freiburg: Haufe Verlag.

Kropik, M. (2009). *Produktionsleitsysteme in der Automobilfertigung.* Berlin: Springer-Verlag.

Kühnapfel, J. B. (2014). *Nutzwertanalysen in Marketing und Vertrieb.* Wiesbaden: Springer Gabler.

Lück, W. (2000). Managementrisiken. In D. Dörner, P. Horváth, & H. Kagermann (Hrsg.), *Praxis des Risikomanagement* (S. 311–344). Stuttgart: Schäffer-Poeschel Verlag.

März, L. (2015). Dynamische Austaktung in sequenzierten Produktionslinien der Automobilindustrie. In T. Claus, F. Herrmann, & M. Manitz (Hrsg.), *Produktionsplanung- und steuerung* (S. 241–255). Berlin: Springer-Verlag.

Müller, K.-R. (2014). *IT-Sicherheit mit System* (6. Aufl.). Wiesbaden: Springer Vieweg.

Ossadnik, W., & Langer, O. (2008). Risikomanagement internation agierender Unternehmen. In W. Funk, & J. Rossmanith (Hrsg.), *Internationale Rechnungslegung und Internationales Controlling* (S. 319–342). Wiesbaden: GWV Fachverlage.

Paulus, S. (2000). Risiken beim Einsatz von Informationstechnologie. In D. Dörner, P. Horváth, & H. Kagermann (Hrsg.), *Praxis des Risikomanagement* (S. 379–414). Stuttgart: Schäffer-Poeschel Verlag.

Popper, K. (2007). *Logik der Forschung.* Berlin: Akademie Verlag.

Prokein, O. (2008). *Markt- und Unternehmensentwicklung.* Wiesbaden: GWV Fachverlage.

Rieger, F. (2015). Jeder ist angreifbar. *Der Spiegel* (39/2015), S. 68–69.

Schäl, I. (2011). *Management von operationellen Risiken.* Wiesbaden: Gabler Verlag.

Scharpf, P. (2000). Finanzrisiken. In D. Dörner, P. Horváth, & H. Kagermann (Hrsg.), *Praxis des Risikomanagement* (S. 253–282). Stuttgart: Schäffer-Poeschel Verlag.

Schneck, O. (2001). Compliance-Risikoanalyse: Nutzen, Umsetzung, und Integration in das RM System. In A. Klein (Hrsg.), *Risikomanagement und Risiko-Controlling* (S. 87–110). Freiburg: Haufe Verlag.

SecuMedia Verlags-GmbH. (2012). Lagebericht zur Informationssicherheit. *<kes> Die Zeitschrift für Informations-Sicherheit* (Sonderdruck).

Strohmeier, G. (2007). *Ganzheitliches Risikomanagement in Industriebetrieben.* Wiesbaden: GWV Fachverlage GmbH.

Swales, J. (1990). *Genre Analysis: English in Academic and Research Settings (Cambridge Applied Linguistics).* Cambridge: Cambridge University Press.

Thies, K. H. (2008). *Management operationaler IT- und Prozess-Risiken.* Heidelberg: Springer Verlag.

Töpfer, A., & Heymann, A. (2000). Marktrisiken. In D. Dörner, P. Horváth, & H. Kagermann (Hrsg.), *Praxis des Risikomanagement* (S. 225–252). Stuttgart: Schäffer-Poeschel Verlag.

Verbund Deutscher Ingenieure. (07.12.2012). *Industrie-4.0-Konzepte rütteln an der Automatisierungspyramide.* (Verbund Deutscher Ingenieure, Hrsg.) Abgerufen am 15.01.2013 von http://www.vdi-nachrichten.com/Technik-Wirtschaft/Industrie-40-Konzepte-ruetteln-an-Automatisierungspyramide

Witt, B. C. (2006). *IT-Sicherheit kompakt und verständlich.* Wiesbaden: GWV Fachverlage GmbH.

Wöhe, G. (2010). *Einführung in die Allgemeine Betriebswirtschaftslehre* (24. Aufl.). München: Verlag Franz Vahlen GmbH.

Anhang

Tabelle 22: Zuordnung IT-Grundschutz-Risiken ausgewählter Bausteine zu IT-Risiken[225]

		Verfügbarkeit	Vertraulichkeit	Integrität	B 3.101 Allgemeiner Server	B 3.201 Allgemeiner Client	B 3.202 Allgemeines nicht vernetztes IT-System	B 3.405 Smartphones, Tablets und PDAs	B 3.406 Drucker, Kopierer und Multifunktionsgeräte	B 5.21 Webanwendungen	B 5.25 Allgemeine Anwendungen	B 4.1 Heterogene Netze	B 4.6 WLAN
G 3.1	Vertraulichkeits- oder Integritätsverlust von Daten durch Fehlverhalten			x					x	x			
G 3.2	Fahrlässige Zerstörung von Gerät oder Daten	x									x		
G 3.5	Unbeabsichtigte Leitungsbeschädigung	x										x	
G 3.86	Ungeregelte und sorglose Nutzung von Druckern, Kopierern und Multifunktionsgeräten	x							x				

[225] Eigene Darstellung

G 4.1	Ausfall der Stromversorgung	x		x	x			x			
G 4.13	Verlust gespeicherter Daten	x		x	x			x			
G 4.31	Ausfall oder Störung von Netzkomponenten	x							x		
G 4.42	Ausfall des Mobiltelefons, Smartphones, Tablets oder PDAs	x				x					
G 4.7	Defekte Datenträger	x			x						
G 4.84	Unzureichende Validierung von Ein- und Ausgabedaten bei Webanwendungen und Web-Services			x				x			
G 4.87	Offenlegung vertraulicher Informationen bei Webanwendungen und Web-Services		x					x			
G 5.1	Manipulation oder Zerstörung von Geräten oder Zubehör	x	x	x	x	x	x	x	x		x
G 5.125	Datendiebstahl mithilfe mobiler Endgeräte	x				x					

Anhang

G 5.138	Angriffe auf WLAN-Komponenten	x	x	x						x		
G 5.139	Abhören der WLAN-Kommunikation		x							x		
G 5.165	Unberechtigter Zugriff auf oder Manipulation von Daten bei Webanwendungen und Web-Services		x	x				x				
G 5.2	Manipulation an Informationen oder Software	x	x	x	x	x	x	x	x	x	x	
G 5.7	Abhören von Leitungen		x		x				x			
G 5.71	Vertraulichkeitsverlust schützenswerter Informationen		x		x	x		x			x	
G 5.85	Integritätsverlust schützenswerter Informationen			x	x	x						

Printed in Poland
by Amazon Fulfillment
Poland Sp. z o.o., Wrocław